一学就会的111种面包

黎国雄 主编

江苏凤凰科学技术出版社
·南京·

图书在版编目（CIP）数据

一学就会的 111 种面包 / 黎国雄主编 . — 南京：江苏凤凰科学技术出版社，2015.7（2021.7 重印）
（食在好吃系列）
ISBN 978-7-5537-4385-1

Ⅰ . ①一… Ⅱ . ①黎… Ⅲ . ①面包 – 制作 Ⅳ . ① TS213.2

中国版本图书馆 CIP 数据核字 (2015) 第 085815 号

食在好吃系列
一学就会的111种面包

主　　编	黎国雄
责任编辑	葛　昀
责任监制	方　晨
出版发行	江苏凤凰科学技术出版社
出版社地址	南京市湖南路 1 号 A 楼，邮编：210009
出版社网址	http://www.pspress.cn
印　　刷	天津丰富彩艺印刷有限公司
开　　本	718 mm × 1 000 mm　1/16
印　　张	10
插　　页	4
字　　数	250 000
版　　次	2015年7月第1版
印　　次	2021年7月第6次印刷
标准书号	ISBN 978-7-5537-4385-1
定　　价	29.80元

前言　Preface

自制面包，营养健康

面包是一种以小麦粉为主要原料，以酵母、鸡蛋、油脂、果仁等为辅料，经过发酵、整形、成型、焙烤、冷却等过程加工而成的焙烤食品。

关于面包有一个有趣的传说，在2600年前，埃及有一个为主人做饼的奴隶，有一天饼还没有烤好他就睡着了，夜里炉子也熄灭了，他并未察觉，于是生面饼开始发酵，不断膨大。等到第二天早上奴隶醒来时，生面饼已经比昨晚大了一倍。为了掩饰自己的过错，奴隶把面饼塞回炉子里去，他觉得这样就不会有人发现他偷偷睡觉了。令人惊喜的是，饼烤好后又松又软。这应该是因为生面饼里的面粉、水或甜味剂暴露在空气里，空气中的的野生酵母菌经过了一段时间的发酵后，生长并布满了整个面饼，使面饼膨大。就这样，埃及人不断用酵母菌进行实验，成为了世界上第一代职业面包师。

如今面包已经成了人们最喜爱的早餐之一。不管是外出游玩，还是午后小点，都离不开面包的影子。这是因为面包不但口感好，而且营养丰富，还含有丰富的蛋白质、脂肪、碳水化合物，更是蕴含少量维生素及钙、钾、镁、锌等矿物质。面包多变的口味，松软的口感，老少皆宜，易于消化和吸收，食用起来也方便，在日常生活中颇受人们的喜爱。

面包的种类繁多，有丹麦面包、甜面包、乳酪面包、吐司面包、全麦面包等。当然最健康的还是全麦面包，普遍来说，面包都是用白面粉做的，质地相对来说较为柔软细腻，容易消化吸收，而膳食纤维含量极低。但是全麦面包富含纤维素，它可以帮助人体清除肠道垃圾，并且能延缓消化吸收，有利于预防肥胖。但是市面上一般很难买到真正的全麦面包，还有各种添加剂的威胁，让人们始终对自己吃到的食物持怀疑态度。那么不如自己动手给自己和家人来做面包吧，吃到的不仅是健康还有心意。

本书就是专门为面包爱好者打造的，就算你是新手也不怕，书中开始就详细地介绍了面包制作必备的原料、工具，还详细解析了制作过程中容易出现的问题，看完之后你就会豁然开朗了。本书中的每种面包制作配方都详细大公开，还配有详尽的步骤分解图，让你一目了然。书中更是分为初级、中级和高级三个等级，让你循序渐进地进行学习制作，慢慢地你会爱上这种甜蜜的制作过程，还在等什么，快来试试吧！

目录 Contents

PART 1 初级入门篇

PART 2
中级入门篇

PART 3
高级入门篇

面包制作必备原料

看着面包店里香喷喷的出炉面包，你是不是也心动想自己亲手制作一个呢？其实，自己做面包也不是一件很困难的事情，只要掌握好方法和步骤，准备好以下为你介绍的基本原料，那么自己制作出 个面包就不再是什么幻想了。赶快行动吧！

1. 泡打粉

泡打粉是一种复合疏松剂，又称为发泡粉或发酵粉，主要用作面制食品的快速疏松剂。泡打粉在接触水分、酸性或碱性粉末时会发生反应，释出部分二氧化碳，而且，在烘焙加热的过程中，会释放出更多的气体，这些气体会使成品达到膨胀及松软的效果。但是，过量使用反而会使成品组织粗糙，影响风味甚至外观。

2. 改良剂

面包改良剂是用于面包制作的一种烘焙原料，可增加面包柔软性和弹性，并有效延长面包保存期。

3. 盐

在大多数烘焙食品中，盐是一种重要的调味料，适量的盐可增加原料特有的风味。盐在面团中可增强面团的韧性和弹性，还可以改变发酵品表皮的颜色，减少面糊的焦化。

4. 烘焙专用奶粉

烘焙专用奶粉是以天然牛乳蛋白、乳糖、动物油脂混合而成，采用先进加工技术制成，含有乳蛋白和乳糖，风味接近普通奶粉，可全部或部分取代普通奶粉。与其他原料相比，同样剂量的烘焙专用奶粉具有体积小、重量轻、耐保藏和使用方便等特点，可以使烤焙制品颜色更诱人，香味更浓厚。

5. 油脂

是油和脂的总称，在常温下呈液态的称为油，呈固态或半固态的称为脂。油脂在食品中不仅有调味作用，还能提高食品的营养价值。在制作面团过程中添加油脂，能大大提高面团的可塑性，并使成品表面柔软光亮。

6. 鸡蛋

面包里加入鸡蛋不仅有增加营养的效果，还能增加面包的风味。利用鸡蛋中的水分，可令面包柔软而美味。

7. 吉士粉

是一种混合型的辅助料，呈淡黄色粉末状，具有浓郁的奶香味和果香味。由疏松剂、稳定剂、食用香精、食用色素、奶粉、淀粉和填充剂组合而成，主要作用是增香、增色、增加松脆性，并使制品定型，增强黏滑性。

8. 酵母

有新鲜酵母、普通活性干酵母和快发干酵母三种。在烘焙过程中，酵母产生二氧化碳，具有膨大面团的作用。酵母发酵时产生酒精、酸、酯等物质，形成特殊的香味。

9. 面粉

面粉是制作面包的最主要原料，品种繁多，在使用时要根据需要进行选择。面粉的气味和滋味是鉴定其质量的重要感官标准，好面粉闻起来有新鲜而清淡的香味，嚼起来略具甜味；凡是有酸味、苦味、霉味和腐败臭味的面粉都属变质面粉。

10. 乳品

在面包制作中添加乳品，能大大提高成品的营养价值，增加风味，减少油腻性及增进食欲，还能改善成品内外的形状、光泽，延长成品的保存期限。

11. 蜂蜜

面包里面加蜂蜜后，能增添风味，还能改善口感。蜂蜜中含有大量的果糖，果糖有吸湿和保持水分的特性，能使面包保持松软、不变干。果糖的这个特性在低温和干燥的环境中显得尤为重要。

12. 玉米淀粉

又称玉蜀黍淀粉，俗称六谷粉，是呈微淡黄色的粉末。玉米淀粉可以降低面粉的筋度，更利于面粉起泡，形成良好的组织结构。

面包基本馅料和皮的制作

草莓馅

材料

砂糖 150 克，清水 225 毫升，草莓酱 100 克，玉米粉 50 克，新鲜草莓碎 500 克

做法

1. 将砂糖、清水、草莓酱和玉米粉放到锅里混合；然后开火煮沸一分钟。
2. 加上新鲜的草莓碎，混合均匀即可。

菠萝皮

材料

奶油 120 克，糖粉 120 克，全蛋液 50 克，奶香粉 2 克，低筋面粉适量

做法

1. 将奶油、糖粉拌均匀；加入全蛋液充分拌匀；加入奶香粉拌匀即可。
2. 加入低筋面粉，用手拌匀，拌好即成菠萝皮。

起酥皮

材料

高筋面粉 500 克，盐 15 克，奶油 50 克，清水 425 毫升，低筋面粉 500 克，味精 3 克，全蛋液 75 克，酥油 750 克

做法

1. 将高筋面粉、低筋面粉、味精、全蛋液、清水慢速拌匀，转快速搅拌 2 分钟；加入盐、奶油慢速拌匀，快速搅拌至面团光滑即可。
2. 用手压扁面团成长方形，用保鲜膜包好放入冰箱冷冻 30 分钟以上；将冻好的面团用擀面杖擀开，包入酥油，用擀面杖擀开成长方形。
3. 折叠成三层，用保鲜膜包好放入冰箱冷藏 30 分钟以上，如此三次即成。

香酥粒

材料

奶油 95 克，高筋面粉 50 克，砂糖 65 克，低筋面粉 115 克

做法

1. 先将砂糖、奶油倒在案台上，拌均匀。
2. 加入高筋面粉、低筋面粉拌匀，用手搓成颗粒即可。

黄金酱

材料

蛋黄 4 个，糖粉 60 克，盐 3 克，液态酥油 500 毫升，淡奶 30 毫升，炼奶 15 毫升

做法

1. 先将蛋黄、糖粉、盐拌匀。
2. 再慢慢加入液态酥油打发，最后加淡奶和炼奶拌匀即成。

叉烧馅

材料

五花肉 200 克，食用油适量，叉烧酱 20 克，蚝油 10 毫升，淀粉 5 克，蒜头 1 粒

做法

1. 五花肉洗干净，切粒，蒜头去皮洗干净切片放入肉里，加入蚝油、叉烧酱和淀粉。
2. 搅拌均匀后放冰箱腌 7 小时以上。
3. 腌好后，锅里放油烧热，倒入五花肉翻炒煮熟透即可。

沙拉酱

材料

砂糖50克，味精、盐各1克，色拉油450毫升，淡奶18毫升，全蛋液50克，白醋12毫升

做法

1. 把砂糖、盐、味精、全蛋液搅拌匀，慢慢加入色拉油打发，打发后加入白醋拌匀。
2. 最后加入淡奶拌匀即可。

蛋黄酱

材料

糖粉50克，盐1克，奶油70克，蛋黄45克，液态酥油115毫升，炼奶15毫升

做法

1. 先把糖粉、盐和奶油打发，然后分次加入蛋黄充分拌匀，再慢慢挤入液态酥油打发。
2. 最后加入炼奶拌匀即可。

椰子馅

材料

砂糖250克，奶油250克，全蛋液85克，奶粉85克，低筋面粉50克，椰蓉400克

做法

1. 先把砂糖、奶油搅拌均匀；加入全蛋液充分拌匀；
2. 最后加入低筋面粉、奶粉、椰蓉拌均匀即成。

乳酪克林姆馅

材料

全蛋液25克，砂糖75克，鲜奶300毫升，玉米淀粉45克，奶粉30克，奶油20克，奶油干酪100克

做法

1. 鲜奶、全蛋液、砂糖、玉米淀粉、奶粉一起搅拌均匀，一边搅一边煮，煮到凝固状态，加入奶油搅拌，关火。
2. 待挑起呈软鸡尾状时，加入奶油干酪，搅拌均匀即成。

香菇鸡粒馅

材料

香菇150克，鸡脯肉200克，生抽10毫升，料酒5毫升，砂糖2克，白胡椒粉1克，全蛋液20克，盐、食用油各适量

做法

1. 将香菇切碎，鸡脯肉剁成馅；切碎的香菇加入到肉馅中搅匀，加入生抽、料酒、盐、砂糖、白胡椒粉、全蛋液腌制入味。
2. 热锅烧油，将腌制好的馅倒入炒匀即可。

泡芙糊

材料

奶油75克，清水125毫升，全蛋液100克，液态酥油65毫升，高筋面粉75克

做法

1. 将奶油、清水、液态酥油倒入盆中；放在电磁炉上边搅边煮；煮开就倒入高筋面粉拌匀，关火。
2. 分次倒入全蛋液，拌至面糊光滑。

巧克力馅

材料

砂糖65克，牛奶250毫升，全蛋液30克，玉米淀粉40克，奶油10克，白巧克力150克

做法

1. 将砂糖、牛奶、全蛋液、玉米淀粉拌匀；煮成糊状，加奶油拌匀。
2. 最后加入白巧克力拌匀。

面包制作必备工具

制作面包时，除了集齐原料外，制作面包的工具也少不了。以下为你介绍的都是制作面包的常用工具，希望你能够灵活运用它们，做出美味的面包。

1. 和面机

和面机又称拌粉机，主要用来拌和各种粉料。它主要由电动机、传动装置、面箱搅拌器、控制开关等部件组成，利用机械运动将粉料、水或其他配料制成面坯，常用于大量面坯的调制。和面机的工作效率比手工操作高 5 ~ 10 倍，是面点制作中最常用的工具。

注意事项：不要放过多的原材料进和面机，以免机器因高负荷运转而损坏。

2. 手动打蛋机

在面包制作过程中，用于搅拌各种液体和糊状原料，可使搅拌的工作更加快速、均匀。

注意事项：不可超量进行搅拌；保持器具的清洁。

3. 擀面杖

用于小量的酥类面包和糕点制作的棍子。

注意事项：最好选择木质结实、表面光滑的擀面杖；尺寸依据平时用量选择。

4. 量杯

杯壁上有标示容量，可用来量取材料，如水、油等，通常有大小尺寸可供选择。

注意事项：读数时注意刻度；不能作为反应容器；量取时选用适合的量称。

5. 模具

大小、形状各异，根据需要的形状选取对应的模具。

注意事项：应选择大小合适的模具，并注意保持模具的清洁。

6. 毛刷

可用来抹全蛋液或糖浆，材料有尼龙或动物毛，毛的软硬粗细各不相同。如果涂抹面包表面的全蛋液，使用柔软的羊毛刷比较合适。

注意事项：每次使用完后要清洗干净，保持完全干燥。

PART 1

初级入门篇

本部分为你挑选的这些面包的制作过程较为简单，比较适合刚入门的你。配方中需要用到的原料较少，而且在制作上较为容易上手，只要你认真实践，那么要制作出一个香喷喷的面包就变得简单了。

蜜豆黄金面包

材料

种面:

高筋面粉 650 克，全蛋液 100 克，酵母 11 克，清水 275 毫升

主面:

砂糖 195 克，奶粉 40 克，盐 10 克，清水 195 毫升，奶香粉 5 克，奶油 115 克，高筋面粉 350 克，改良剂适量

其他配料:

蜜豆、杏仁片各适量，黄金酱适量

做法

1. 高筋面粉、酵母拌匀，加入全蛋液、清水慢速拌匀，转快速拌2分钟，拌匀即可。
2. 盖上保鲜膜，发酵2小时，保持温度32℃、湿度70%。
3. 做法1的种面和砂糖、清水快速拌约2分钟即可。
4. 加入高筋面粉、奶香粉、奶粉、改良剂慢速拌匀，转快速拌2~3分钟。
5. 加入奶油、盐，快速搅拌至面筋扩展。
6. 松弛20分钟，保持温度31℃、湿度80%。
7. 把松弛好的面团分成每个65克，滚圆后松弛20分钟。
8. 小面团压扁排气，包入蜜豆，放入模具。
9. 发至模具九分满，挤上黄金酱。
10. 撒上杏仁片，入炉烘烤15分钟左右，温度为上火170℃、下火220℃，烤好即可。

酸奶面包

材料

高筋面粉 950 克，低筋面粉 150 克，全蛋液 100 克，奶油 115 克，酵母 15 克，砂糖 200 克，酸奶 600 毫升，改良剂 3.5 克，奶粉 40 克，盐 12 克

做法

❶ 将高筋面粉、低筋面粉、酵母、改良剂、砂糖和奶粉拌匀。

❷ 入全蛋液和酸奶拌匀，快速搅拌2分钟。

❸ 加入奶油、盐慢速拌匀。

❹ 快速搅拌至面团可拉出均匀薄膜状即可。

❺ 盖上保鲜膜基本发酵20分钟，温度29℃、湿度80%。

❻ 把基本发酵好的面团分成每个40克。

❼ 把小面团滚圆后，盖上保鲜膜，松弛20分钟左右。

❽ 排入烤盘，放入发酵箱中发酵80分钟。

❾ 把发酵好的面团扫上全蛋液（分量外）。

❿ 再挤上奶油（分量外）。

⓫ 放入烤箱烘烤12分钟，温度为上火195℃、下火180℃，烤好后出炉。

制作指导

滚圆面团时不要滚太长时间，以免影响面团组织。

枸杞子养生面包

材料

高筋面粉 500 克，砂糖 95 克，奶油 60 克，酵母 6 克，全蛋液 50 克，盐 5 克，改良剂 2.5 克，清水 275 毫升，枸杞子 125 克

制作指导

剪面团的程度会影响到面包烘烤后的造型，如果想要面包造型更加漂亮，可以在剪面团时稍微深一点。

做法

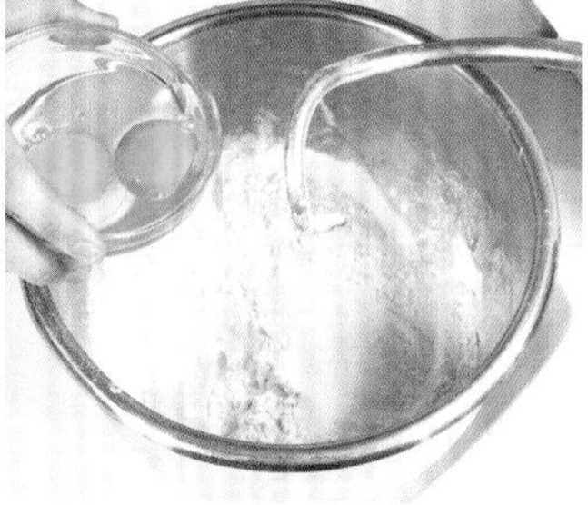

❶ 将高筋面粉、酵母、改良剂、砂糖拌匀。

❷ 加入全蛋液、清水慢速拌匀，转快速拌1～2分钟。

❸ 加入奶油、盐拌匀，快速搅拌至面筋扩展，加枸杞子。

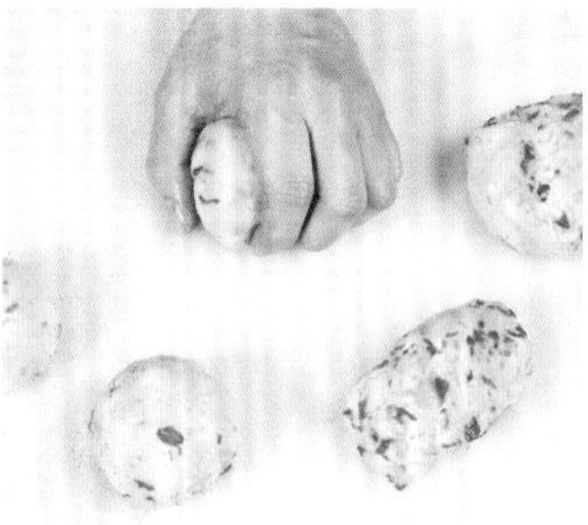

❹ 盖上保鲜膜发酵25分钟，温度31℃、湿度75%。

❺ 把发酵好的面团分成每个100克的小面团，滚圆。

❻ 松弛20分钟。

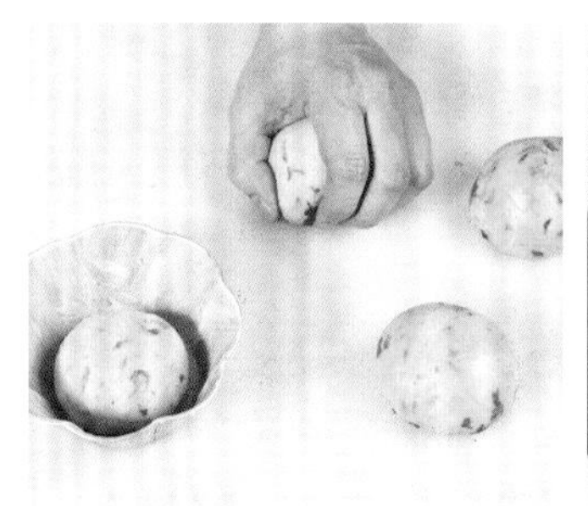

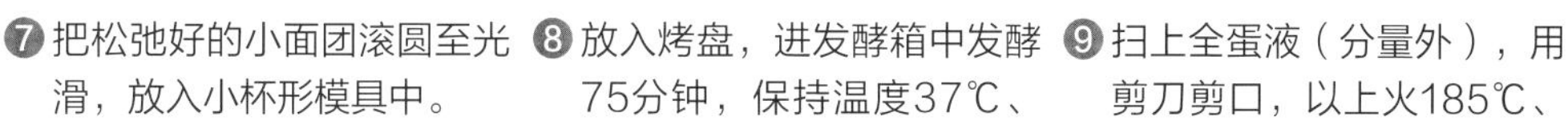

❼ 把松弛好的小面团滚圆至光滑，放入小杯形模具中。

❽ 放入烤盘，进发酵箱中发酵75分钟，保持温度37℃、湿度80%。

❾ 扫上全蛋液（分量外），用剪刀剪口，以上火185℃、下火195℃烤15分钟左右。

蓝莓菠萝面包

材料

高筋面粉 2500 克，砂糖 275 克，全蛋液 250 克，奶油 265 克，酵母 25 克，奶粉 100 克，清水 1250 毫升，改良剂 9 克，炼奶 150 毫升，盐 25 克，蓝莓酱、菠萝皮各适量，糖粉 10 克

制作指导

用模具压面团是要做出一个凹槽的造型，以便加上馅料，所以注意压模具时不要把面团底部压破。否则面包将会不成形，最后将无法添加蓝莓酱，所以要控制好力度。

做法

❶将高筋面粉、酵母、改良剂、奶粉和砂糖拌匀。

❷加入炼奶、全蛋液和清水拌匀，搅拌至有七八成筋度。

❸加入奶油、盐，慢速拌匀。

❹转快速搅拌至可拉出薄膜状。

❺基本发酵25分钟，温度32℃、湿度75%。

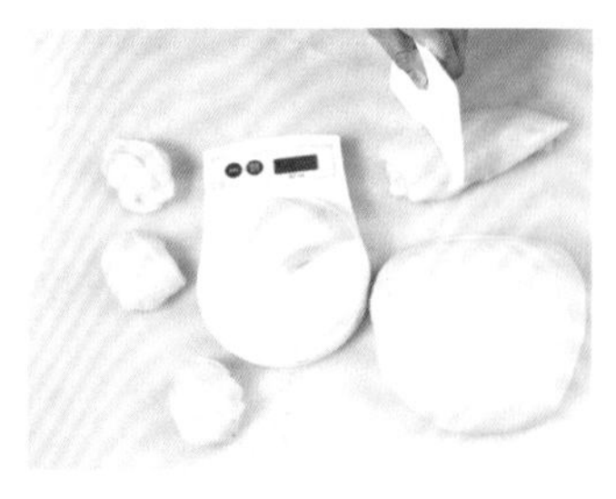

❻分割成每个65克的小面团。

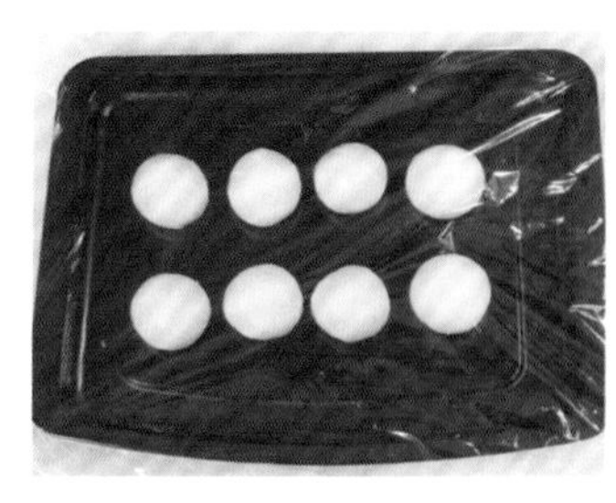

❼然后将小面团滚圆，松弛20分钟备用。

❽把菠萝皮分成小段。

❾滚圆排气后，裹在面团外面即可。

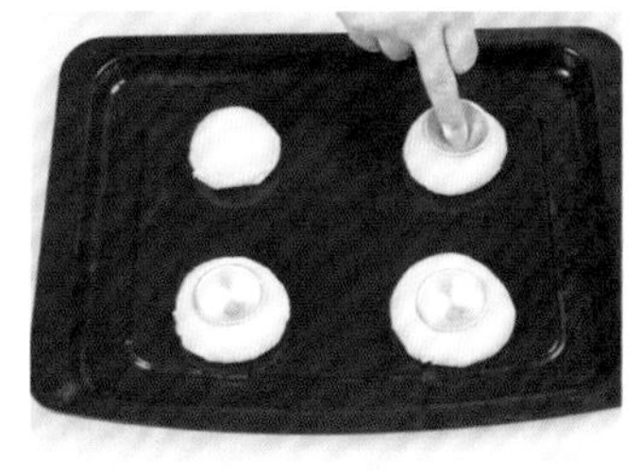

❿放入烤盘，将小碗形模具压在面团上。

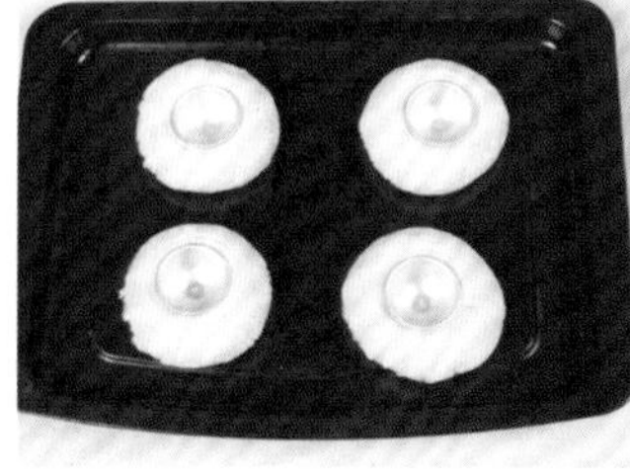

⓫常温下发酵至原面团的2～2.5倍，即可入炉烘烤，以上火185℃、下火160℃，大约烤15分钟。

⓬烤好后出炉，拿开小模具，挤上蓝莓酱，撒上糖粉。

乳酪可颂面包

材料

高筋面粉 900 克，低筋面粉 100 克，全蛋液 150 克，砂糖 90 克，酵母 10 克，改良剂 4 克，奶粉 85 克，冰水 500 毫升，盐 15 克，奶油 85 克，片状酥油 500 克，沙拉酱适量，乳酪条、香酥粒各适量

做法

❶ 高筋面粉、低筋面粉、酵母、砂糖、改良剂和奶粉拌匀。

❷ 加入全蛋液和冰水慢速拌匀，转快速拌2分钟左右。

❸ 加入奶油和盐拌匀，快速拌至面团光滑。

❹ 把面团压扁呈长形，用保鲜膜包好放入冰箱冷冻。

❺ 取出稍微擀开擀长，放上片状酥油。

❻ 把酥油包在里面，捏紧收口，擀开擀长。

❼ 叠3折，用保鲜膜包好放入冰箱冷藏30分钟以上。

❽ 取出擀宽、擀长厚约7厘米、宽0.6厘米。

❾ 用刀切开，放入发酵箱中醒发60分钟。

❿ 扫上全蛋液（分量外）。

⓫ 放上乳酪条，挤上沙拉酱，撒上香酥粒。

⓬ 入炉烘烤，约16分钟，温度为上火185℃、下火160℃。

制作指导

添加乳酪时，不要放太多乳酪条，以免压扁面包，影响整体的美观度，芝士太多也会影响面包的口感。

田园风光面包

材料

面团：

高筋面粉1000克，奶粉30克，全蛋液100克，蛋黄液50克，奶油115克，酵母8克，奶香粉5克，清水550毫升，改良剂2克，砂糖75克，盐20克

黄金酱：

糖粉60克，蛋黄4个，盐3克，液态酥油300毫升，淡奶、炼奶各20毫升

其他配料：

火腿片、红椒丝、乳酪丝、番茄酱各适量

做法

❶ 将黄金酱中的材料混合搅匀备用；高筋面粉、酵母、改良剂、奶粉、奶香粉和砂糖投入搅拌缸内慢速拌匀。

❷ 加入全蛋液和清水拌匀，快速搅拌至面筋扩展；把奶油、盐加入慢速拌匀，转快速搅拌2～3分钟，拌至面筋表面光滑，可以拉出薄膜状时即可。

❸ 盖上保鲜膜发酵30分钟，温度30℃、湿度75%，分割为每个65克的小面团，小面团滚圆松弛20分钟，用擀面杖擀开排气。

❹ 放入火腿片，卷起，对折，中间划1刀，醒发后扫上蛋黄液，撒上红椒丝、乳酪丝，挤上黄金酱、番茄酱，入炉烘烤15分钟，温度为上火185℃、下火165℃。

胡萝卜营养面包

材料

高筋面粉 500 克，改良剂 2 克，胡萝卜汁 275 毫升，胡萝卜丝 3.5 克，砂糖 95 克，奶粉 10 克，奶油 55 克，酵母 6 克，全蛋液 50 克，盐 5 克

制作指导

搅拌好的面团温度不要太高，30℃左右即可。因为温度会直接影响到面团的醒发程度，最后也会影响到面包烘烤的效果。

做法

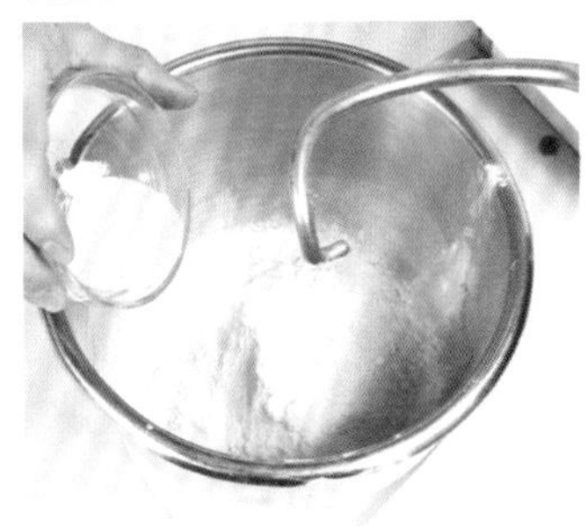

❶ 将高筋面粉、酵母、砂糖、改良剂和奶粉拌匀。

❷ 加入部分全蛋液和胡萝卜汁拌匀，转快速搅拌2分钟。

❸ 加入奶油、盐拌匀，搅拌至面筋扩展。

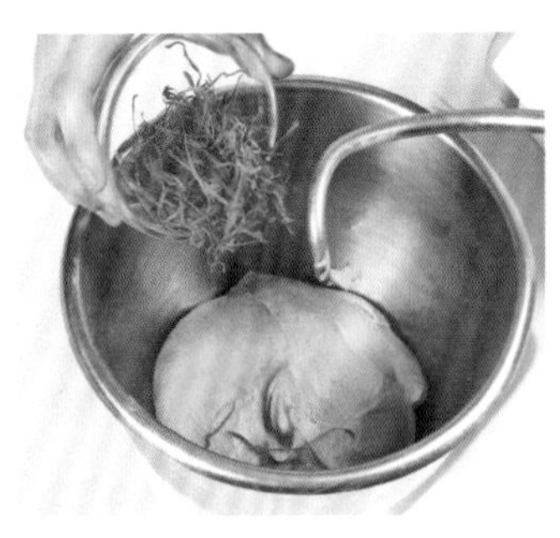

❹ 最后加入胡萝卜丝以慢速搅拌均匀。

❺ 把面团松弛20分钟，温度30℃、湿度80%。

❻ 把面团分成每个65克的小面团，滚圆后松弛20分钟。

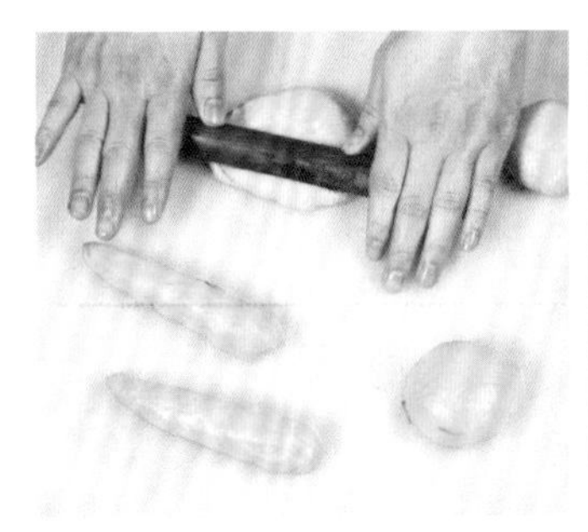

❼ 松弛好的小面团用擀面杖擀开排气。

❽ 卷成胡萝卜形，排入烤盘，放进发酵箱中醒发70分钟，温度38℃、湿度70%。

❾ 醒发后扫上剩余全蛋液，再入烤箱烘烤13分钟，温度为上火185℃、下火160℃。

黄金玉米面包

材料

种面:

高筋面粉 500 克，全蛋液 75 克，酵母 7 克，清水 250 毫升

黄金酱:

蛋黄 4 个，糖粉 60 克，盐 3 克，液态酥油 500 毫升，淡奶 30 毫升，炼奶 15 毫升

主面:

砂糖 135 克，蜂蜜 45 毫升，清水 100 毫升，高筋面粉 250 克，奶香粉 4 克，改良剂 3 克，盐 7 克，奶粉 20 克，奶油 75 克

其他配料:

玉米粒适量

制作指导

做黄金酱加入液态酥油时，要往同一方向搅拌。

做法

❶ 将高筋面粉、酵母慢速搅拌均匀。

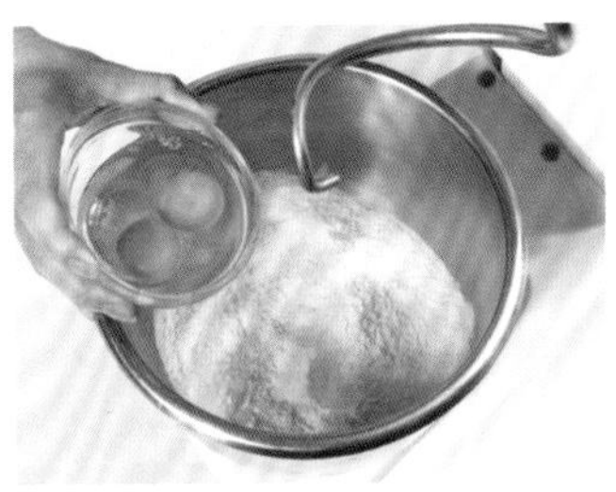

❷ 加入全蛋液、清水慢速拌匀，转快速打至五成筋度。

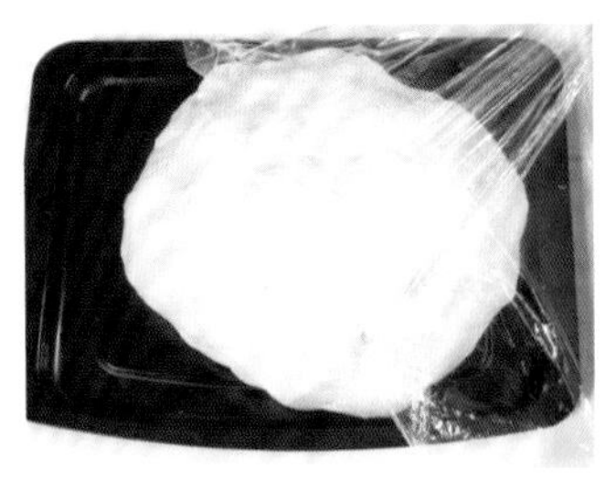

❸ 盖上保鲜膜，发酵3小时，发酵好即成种面。

❹ 将种面、砂糖、蜂蜜、清水一起快速打至糖溶化。

❺ 加入高筋面粉、改良剂、奶粉、奶香粉慢速拌匀。

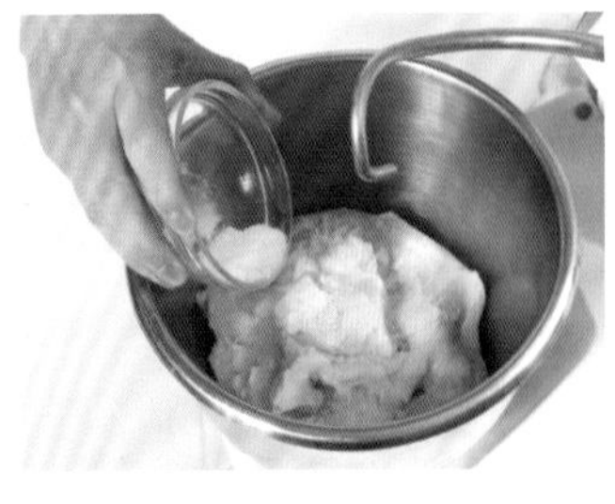

❻ 加入盐、奶油慢速拌匀，转快速拌匀。

❼ 发酵20分钟，温度36℃、湿度72%。

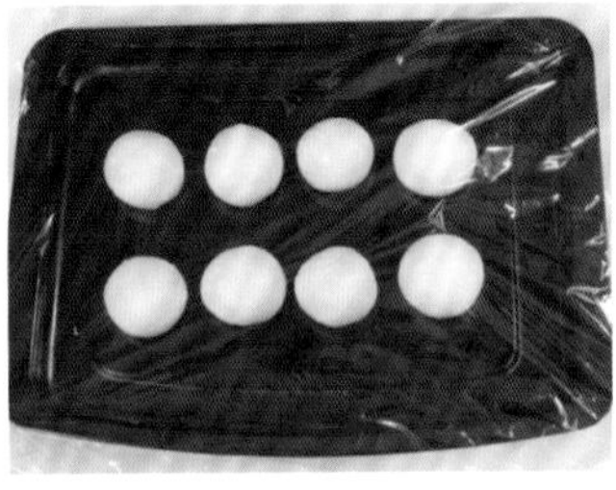

❽ 面团分成每个60克的小面团，滚圆后发酵20分钟。

❾ 小面团搓长，呈长条形，放入纸膜中醒发90分钟，温度36℃、湿度70%。

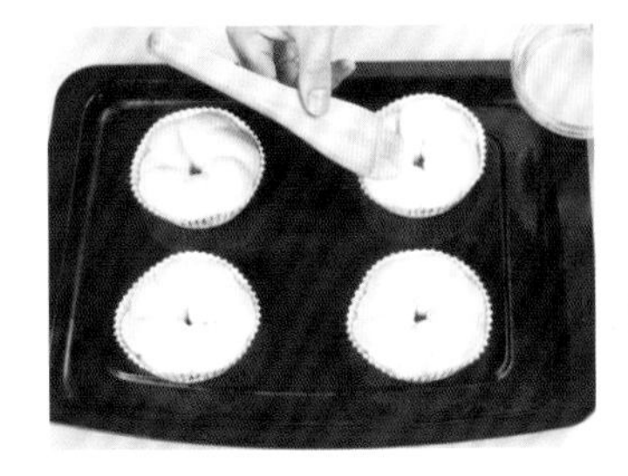

❿ 发至模具九分满后，扫上全蛋液（分量外）。

⓫ 玉米粒和黄金酱拌成馅，将黄金玉米馅放到面团上。

⓬ 面团表面挤上黄金酱，放入炉中，温度为上火190℃、下火170℃，烤好出炉。

杏仁提子面包

材料

高筋面粉 1000 克，砂糖 195 克，酵母 13 克，改良剂 5 克，奶粉 20 克，鲜奶 250 毫升，全蛋液 100 克，清水 250 毫升，盐 10 克，奶油 120 克，鲜奶油 40 克，提子干 250 克，杏仁碎适量

做法

1. 将高筋面粉、砂糖、酵母、改良剂、奶粉加入，慢速拌匀。
2. 加入鲜奶、全蛋液、清水慢速拌匀。
3. 加入鲜奶油、奶油、盐慢速拌匀，转快速拌至面筋扩展。
4. 加入提子干慢速拌匀，盖上保鲜膜，松弛20分钟。
5. 面团分成每个40克的小面团，滚圆后，松弛20分钟。
6. 压扁排气，卷成长方形，表面扫上清水（分量外）。
7. 撒上杏仁碎，放入长方形纸模内，醒发70分钟。
8. 表面喷水，入炉烘烤，温度为上火180℃、下火160℃，烤12分钟左右。

制作指导

面团的醒发程度会直接影响到最后的烘烤效果，注意制作这款面包的时候，要控制好醒发的时间，面团不要发得太大。

红糖面包

材料

高筋面粉 500 克，奶粉 20 克，酵母 6 克，红糖 100 克，清水 265 毫升，葡萄干 20 克，盐 5 克，改良剂 1.5 克，全蛋液 50 克，奶油 45 克，葡萄干、瓜子仁各适量

做法

❶ 将红糖、全蛋液和清水拌至糖溶化。

❷ 加入高筋面粉、酵母、改良剂和奶粉慢速拌匀，转快速搅拌3分钟。

❸ 加入奶油、盐拌匀，拌至可拉出薄膜状。

❹ 面团松弛约20分钟，分切成每个70克的小面团。

❺ 小面团滚圆至光滑，再松弛20分钟。

❻ 把松弛好的小面团用擀面杖擀开排气。

❼ 卷成椭圆形，放入纸模中。

❽ 排入烤盘，放进发酵箱醒发70分钟，

❾ 醒发好的面团扫上全蛋液（分量外），撒上瓜子仁、葡萄干。

❿ 放入烤箱烘烤15分钟左右，温度为上火190℃、下火165℃，烤好后出炉。

制作指导

这款面包中有加入红糖，所以面团本身会有颜色，烘烤的时候要注意控制好时间，不要烤得颜色太深，影响美观。

咖啡面包

材料

高筋面粉 750 克，砂糖 150 克，清水 385 毫升，奶油 50 克，酵母 8 克，全蛋液 50 克，淡奶 35 毫升，改良剂 5 克，咖啡粉 10 克，盐 8 克

制作指导

品质好的面包口感一定要松软，所以注意在搅拌的过程中，不要把面团搅拌过度。

做法

❶ 将高筋面粉、酵母、改良剂、砂糖和咖啡粉拌匀。

❷ 加入全蛋液、淡奶和清水拌匀，搅拌2分钟左右。

❸ 加入奶油、盐拌匀，转快速搅拌至面筋扩展。

❹ 松弛25分钟，温度31℃、湿度75%。

❺ 然后把松弛好的面团分成每个约75克的小面团。

❻ 小面团滚圆至光滑，再松弛20分钟。

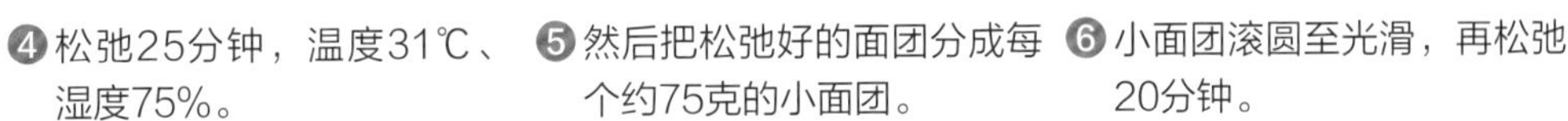

❼ 松弛好的小面团，用擀面杖擀开排气。

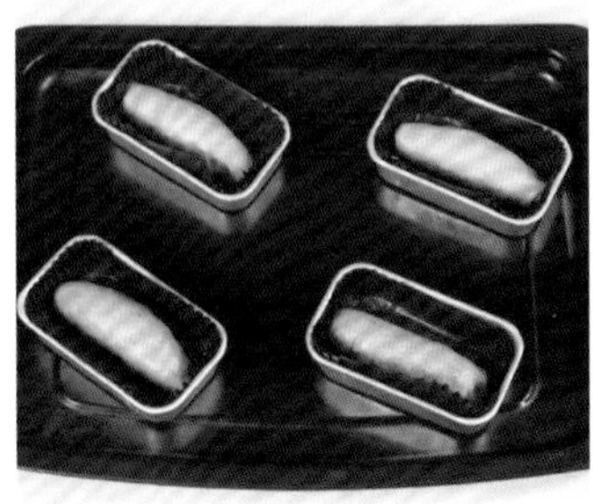

❽ 卷成长条形，放入长方形模具中。进发酵箱醒发85分钟，温度38℃、湿度75%。

❾ 扫上全蛋液（分量外），入烤炉，温度为上火185℃、下火190℃，烘烤15分钟。

纳豆面包

材料

高筋面粉 750 克，奶粉 25 克，奶香粉 3 克，砂糖 155 克，改良剂 2.5 克，盐 7.5 克，清水 1000 毫升，全蛋液 75 克，酵母 8 克，奶油 85 克，瓜子仁 20 克，纳豆适量

做法

❶ 高筋面粉、奶粉、奶香粉、酵母、改良剂、砂糖拌匀，加入全蛋液、清水慢速拌匀，转快速搅拌2分钟。

❷ 加入奶油、盐慢速拌匀，转快速搅拌至能拉出薄膜状，发酵25分钟。

❸ 将发酵好的面团分成每个50克的小面团，滚圆，松弛20分钟，用擀面杖擀开排气。

❹ 放上纳豆，卷成橄榄形。

❺ 从中间剪开面团，放入烤盘，进发酵箱醒发80分钟，温度37℃、湿度85%。

❻ 将醒发好的橄榄形面团，扫上全蛋液（分量外）。

❼ 撒上瓜子仁，入炉烘烤12分钟左右，温度为上火195℃、下火170℃，烤好后出炉。

制作指导

这款面包除了口感好之外，造型也特别漂亮，在卷橄榄形的时候，用擀面杖把面团稍微擀开一点，可卷出层次来，这样面包烤好后，造型才有立体感。

椰子丹麦面包

材料

高筋面粉 850 克，低筋面粉 150 克，砂糖 135 克，全蛋液 150 克，纯牛奶 150 毫升，冰水 300 毫升，酵母 13 克，改良剂 4 克，盐 15 克，奶油 120 克，瓜子仁 20 克，片状酥油 20 克，椰子馅适量

做法

❶高筋面粉、低筋面粉、酵母和改良剂拌匀，加入砂糖、全蛋液、纯牛奶和冰水拌匀，转快速搅拌2分钟，加入盐和奶油，搅拌2分钟，压扁呈长形后冷冻30分钟以上。

❷把面团稍擀开擀长，放上片状酥油，裹好，捏紧收口，再擀长，叠3下，用保鲜膜包好后，放入冰箱中冷藏30分钟，重复3次即可。

❸擀开的面团四周切去，扫上全蛋液（分量外），抹上椰子馅后卷成圆条形，切成等份，放入圆形纸模后，放发酵箱中醒发60分钟，温度35℃、湿度75%。

❹醒好的面团,扫上全蛋液（分量外），撒上瓜子仁，入烤炉烤熟，上火185℃、下火160℃。

制作指导

注意在卷成形的时候，不要卷得太紧，卷的过紧会影响面包在烤制时候的膨松度，不仅会影响外观，还会影响口感。

花生球

材料

高筋面粉 500 克，奶粉 20 克，全蛋液 50 克，盐 5 克，酵母 5 克，奶香粉 2 克，蜂蜜 10 毫升，奶油 55 克，改良剂 2.5 克，砂糖 100 克，清水 255 毫升，花生酱 60 克，花生油 10 毫升

制作指导

这款面包的特点就是花生的脆搭配面包的软，在最后粘花生碎的时候，注意不要粘的太多，花生碎也不要太大，否则不容易粘牢固。

做法

❶ 高筋面粉、酵母、改良剂、奶粉、奶香粉、砂糖拌匀。

❷ 加入全蛋液、清水、蜂蜜搅拌，打至五六成筋度。

❸ 加入奶油、盐慢速拌匀，转快速打至面筋扩展。

❹ 松弛20分钟，保持温度30℃、湿度80%。

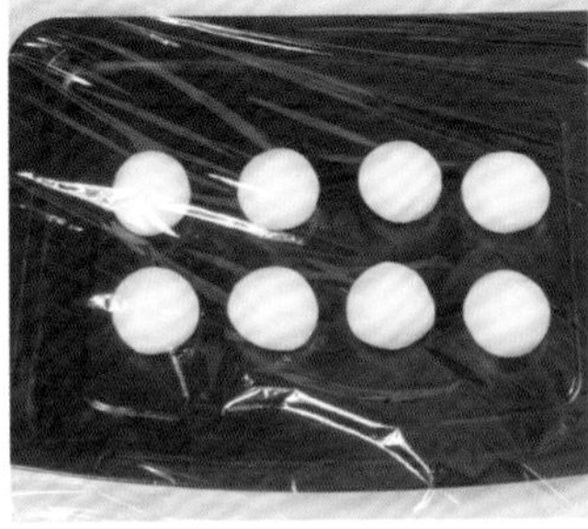

❺ 把松弛好的面团分成每个35克的小面团，滚圆后松弛20分钟。

❻ 花生酱、花生油、砂糖拌匀成馅。

❼ 松弛好的小面团压扁排气，包入馅后捏紧收口。

❽ 撒上花生碎，醒发90分钟，温度36℃、湿度72%。

❾ 入炉烤13分钟左右，温度为上火185℃、下火165℃。

洋葱乳酪面包

材料

高筋面粉750克，改良剂4克，清水425毫升，干洋葱85克，低筋面粉100克，砂糖65克，沙拉酱适量，盐20克，炸洋葱25克，酵母8克，全蛋液75克，奶油85克，火腿丝适量，乳酪丝适量

做法

❶ 高筋面粉、低筋面粉、酵母、改良剂、砂糖拌匀，加入全蛋液和清水慢速拌匀，转快速搅拌约1分钟；再加入奶油、盐慢速拌匀，转快速搅拌至面筋扩展，加入干洋葱和炸洋葱慢速拌匀即可，覆保鲜膜松弛25分钟。

❷ 分割成每个30克的小面团，滚圆，盖上保鲜膜松弛20分钟，滚圆至光滑，再用刀划个十字，放入圆形纸模中。

❸ 排入烤盘，放进发酵箱醒发70分钟，温度38℃、湿度75%。

❹ 醒发好的面团扫上全蛋液（分量外），放上火腿丝、乳酪丝，再挤上沙拉酱，入炉烘烤，温度为上火185℃、下火165℃。

制作指导

在加入干洋葱和炸洋葱时，要从下往上捞起搅拌，不要搅拌过长时间，以免过度，如果面团起筋过度，面包口感就会大打折扣。

虾仁玉米面包

材料

面团：

高筋面粉 500 克，奶粉 20 克，全蛋液 55 克，奶油 55 克，酵母 5 克，奶香粉 3 克，清水 265 毫升，蛋糕油 3 克，改良剂 1.5 克，砂糖 45 克，盐 10 克

虾仁玉米馅：

虾仁 50 克，玉米粒 150 克，沙拉酱 50 克，青椒适量，胡萝卜碎适量

做法

❶ 先将高筋面粉、酵母、改良剂、奶粉、奶香粉和砂糖慢速拌匀。

❷ 加入部分全蛋液和水拌匀，加入奶油、蛋糕油、盐搅拌至面筋扩展，松弛20分钟，把面团分割成每个65克的小面团，滚圆。覆保鲜膜，发酵20分钟后压扁。

❸ 将虾仁玉米馅的材料和适量沙拉酱搅拌匀，包入面团中。

❹ 压扁放入模具中，再放入烤盘，入发酵箱醒发60分钟，温度37℃、湿度70%。

❺ 在醒发好的面团上划上几刀，扫上全蛋液，表面放青椒、胡萝卜碎，挤上剩余沙拉酱，入炉烘烤，上火180℃、下火195℃。

牛油面包

材料

高筋面粉 1350 克，低筋面粉 150 克，酵母 20 克，改良剂 5 克，奶粉 60 克，奶香粉 6.5 克，砂糖 335 克，全蛋液 125 克，蛋黄 80 克，清水 800 毫升，盐 16 克，牛油 210 克

制作指导

因为温度会直接影响面团的醒发程度，所以如果条件允许的话，面团搅拌好的温度最好是 26℃，面包口感会更好。

做法

❶ 高筋面粉、低筋面粉、酵母、改良剂、奶香粉拌匀。

❷ 加入全蛋液、奶粉、砂糖、蛋黄和清水，搅拌2分钟。

❸ 加入牛油、盐慢速拌匀，再转快速搅拌至面筋扩展。

❹ 盖上保鲜膜，然后基本发酵20分钟。

❺ 松弛好的面团分成每个40克的小面团，然后滚圆。

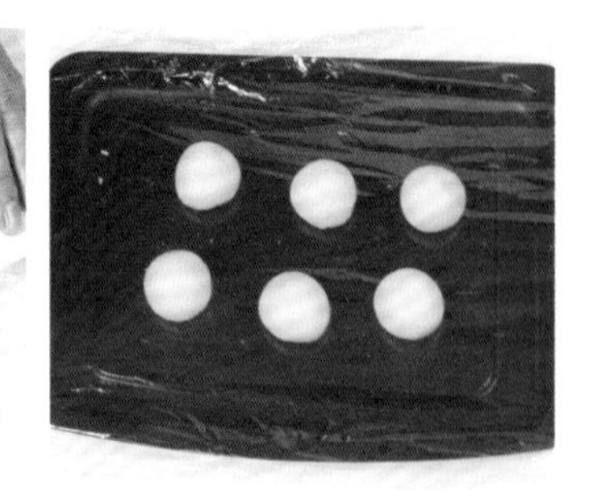

❻ 盖上保鲜膜，基本发酵15分钟左右。

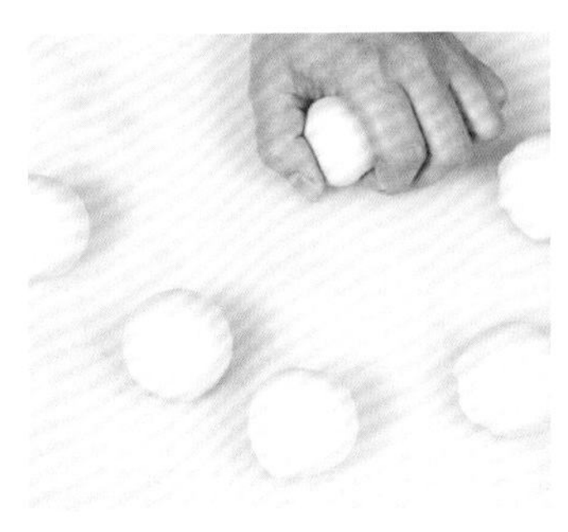

❼ 将小面团滚圆至光滑。

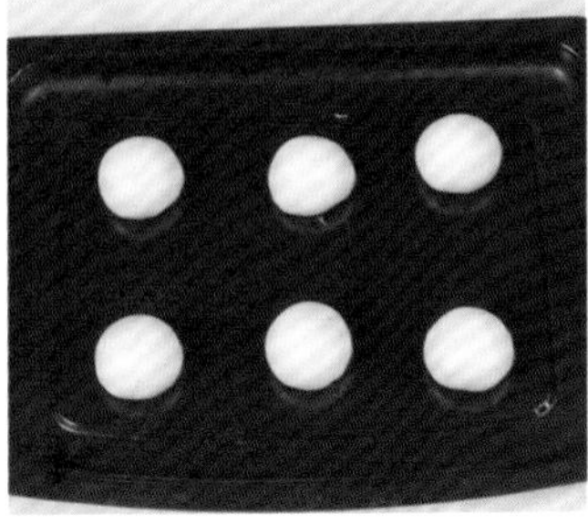

❽ 排入烤盘放进发酵箱，最后醒发90分钟，温度35℃、湿度80%。

❾ 涂上全蛋液（分量外），入炉烘烤，保持温度基本上火185℃、下火160℃。

玉米三文治

材料

高筋面粉1000克，低筋面粉250克，酵母15克，改良剂5克，砂糖100克，全蛋液100克，鲜奶150毫升，清水400毫升，盐25克，奶油150克，沙拉酱适量，玉米粒50克，火腿粒50克

做法

❶首先将高筋面粉、低筋面粉、奶粉、酵母、改良剂、砂糖慢速拌匀。

❷加入全蛋液、鲜奶、清水搅拌匀，打至面出筋。

❸加入奶油、盐拌匀，打至面筋扩展。

❹盖上保鲜膜，松弛20分钟。

❺面团分割成每个250克的小面团。

❻小面团滚圆，用擀面杖擀开，排气。

❼卷成长条形，放入长方形模具中，放入发酵箱发酵2小时，温度35℃、湿度85%。

❽入烤炉烤约40分钟，取出切成片，挤上沙拉酱，放上火腿片，再挤上沙拉酱。

❾放上用玉米粒、火腿粒、沙拉酱拌好的馅，再叠上三文治片，表面用沙拉酱装饰。

❿切去边角，对角切开即可。

制作指导

注意三文治做好后，放在常温中晾凉，因为三文治吐司要凉透才可切片，否则会影响整体的美观度。

全麦长棍面包

材料

高筋面粉 150 克，全麦粉 500 克，酵母 23 克，改良剂 8 克，乙基麦芽粉 10 克，清水 1300 毫升，盐 43 克，奶油适量

做法

1. 先将高筋面粉、全麦粉、酵母、改良剂和乙基麦芽粉拌匀。
2. 加入清水慢速拌匀，转快速搅拌2分钟。
3. 加入盐慢速拌匀，搅拌至面筋扩展。
4. 基本发酵30分钟，面团分割为每个300克的小面团。
5. 小面团松弛20分钟，压扁排气。
6. 再搓成长条形面团。
7. 放入长条形的铁皮模具中，进发酵箱中醒发90分钟，温度35℃、湿度80%。
8. 醒发好的面团用刀在表面划几刀。
9. 挤上奶油，喷水后入炉烘烤，上火250℃、下火200℃。

制作指导

全麦面包一定要色泽金黄才够诱人，要注意烤制的时间和温度，烤至上色即可，不要过分长时间烤制，否则会影响面包的口感和外观。

巧克力球

材料

高筋面粉 500 克，奶香粉 4 克，酵母 5 克，鲜奶 280 毫升，砂糖 100 克，盐 5 克，改良剂 2 克，全蛋液 55 克，奶油 50 克，巧克力豆适量，糖粉适量

制作指导

面团醒发受温度的影响很大，所以要注意环境的温度，条件允许的情况下，搅拌好的面团最好保持温度为 25 ~ 28℃。

做法

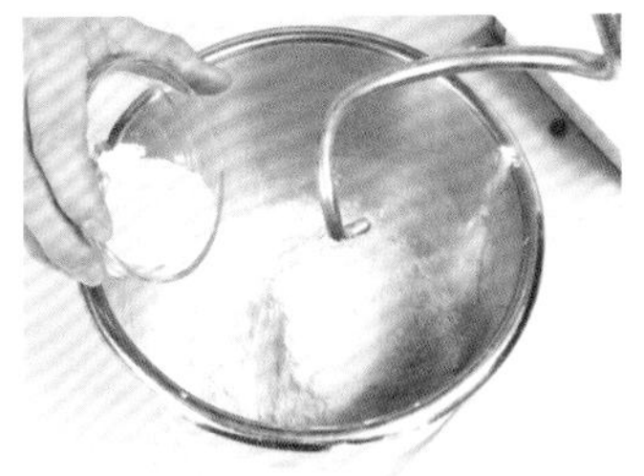

❶将高筋面粉、酵母、改良剂和奶香粉慢速拌匀。

❷加入全蛋液、砂糖与鲜奶搅拌均匀。

❸快速搅拌2分钟，加入奶油、盐慢速拌匀。

❹转快速搅拌至可拉出均匀薄膜状即可。

❺盖上保鲜膜，松弛20分钟，温度35℃、湿度80%。

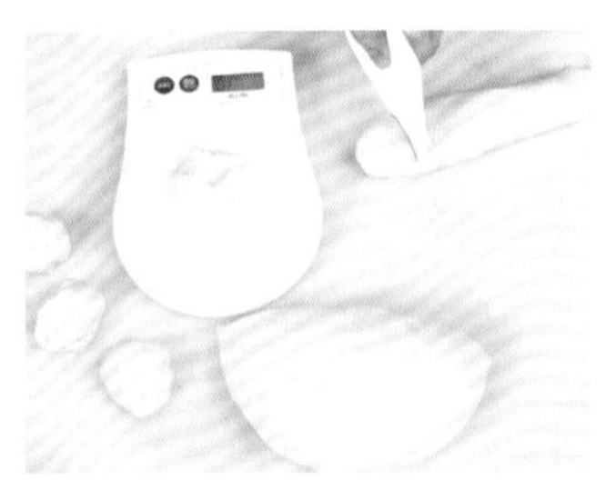

❻松弛好的面团分割成每个90克的小面团，备用。

❼盖上保鲜膜松弛20分钟。

❽再把松弛好的小面团滚圆至光滑即可。

❾放烤盘上，放入发酵箱，最后醒发约85分钟，温度35℃、湿度80%。

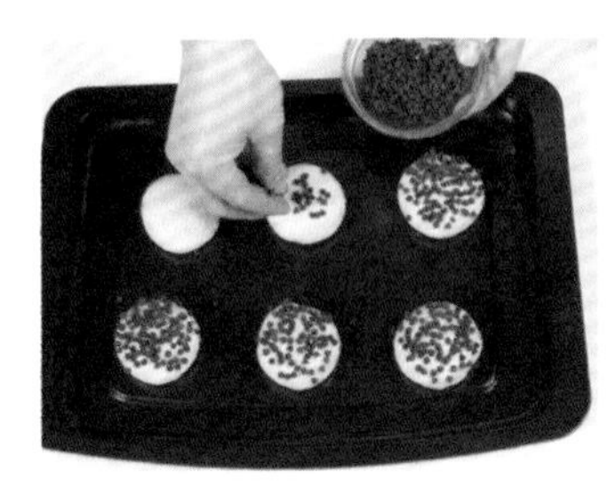

❿醒发面团至原来的两三倍大，扫上全蛋液（分量外），再撒上巧克力豆。

⓫入炉烘烤约10分钟，温度为上火185℃、下火160℃。

⓬烤好后出炉，再筛上糖粉。

乳酪红椒面包

材料

高筋面粉 500 克，酵母 7 克，改良剂 3 克，清水 300 毫升，砂糖 35 克，盐 11 克，奶油 40 克，乳酪粉 45 克，红椒 125 克，全蛋液适量

制作指导

由于面团过度起筋会影响口感，所以加红椒时，要从下往上捞起搅拌，注意不要拌太久，拌匀即可。

做法

❶ 高筋面粉、酵母、改良剂、砂糖、乳酪粉、清水拌匀。

❷ 转快速拌2分钟。

❸ 加入奶油、盐拌匀，再加入红椒慢速拌匀即可。

❹ 面团松弛20分钟。

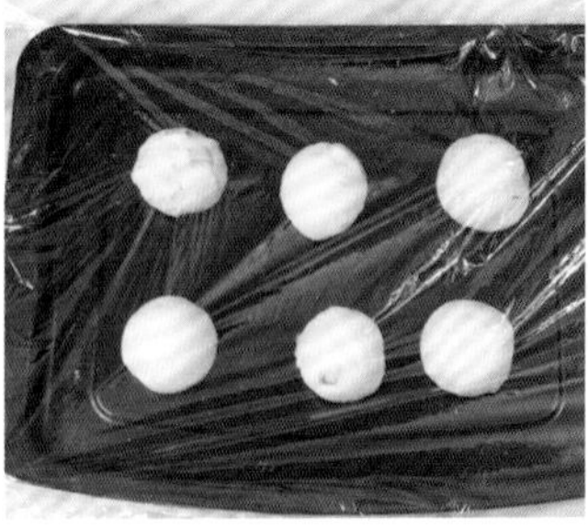

❺ 面团分割成每个70克的小面团，滚圆后再松弛20分钟。

❻ 松弛好的小面团用擀面杖压扁排气。

❼ 卷成长条形，放入烤盘中醒发90分钟，温度35℃、湿度75%。

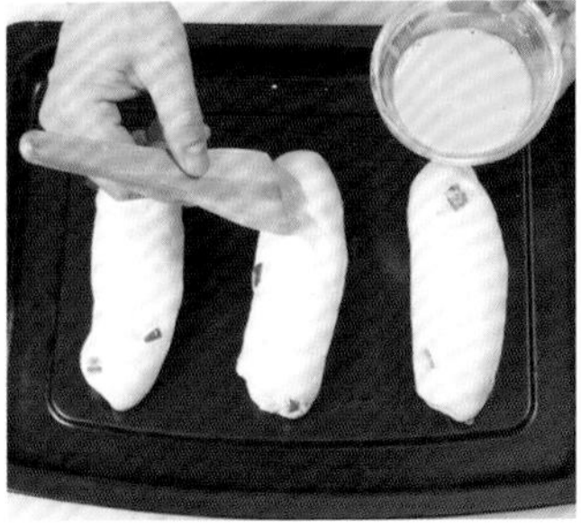

❽ 扫上全蛋液即可。

❾ 撒上乳酪粉（分量外）后入炉烘烤，上火185℃、下火165℃。

美式提子面包

材料

高筋面粉 1000 克，改良剂 3 克，全蛋液 110 克，砂糖 185 克，奶粉 30 克，奶油 35 克，酵母 12 克，清水 250 毫升，鲜奶 250 毫升，盐 10 克，提子干 275 克，瓜子仁适量

制作指导

这款面包的形状为长条形，注意整形时要卷紧面团，防止在烤制的时候过度膨松，影响整体的美观度。

做法

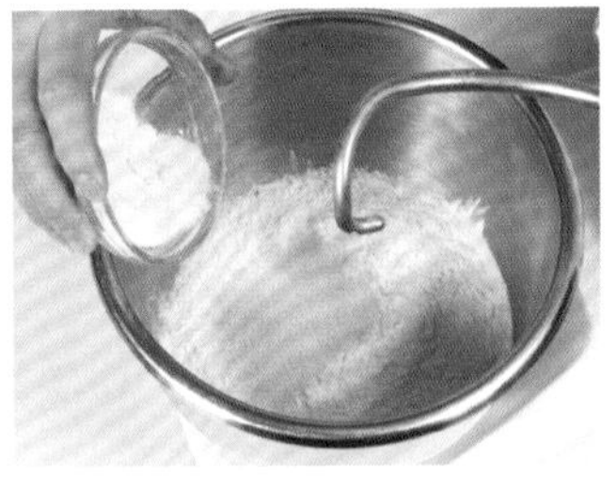

❶将高筋面粉、酵母、改良剂、砂糖和奶粉拌匀。

❷加入全蛋液、鲜奶和清水拌匀，拌至七八成筋度。

❸再加入奶油、盐慢速拌匀。

❹快速搅拌至面筋扩展，再加入提子干慢速拌匀即可。

❺松弛25分钟，温度30℃、湿度75%。

❻把松弛好的面团分成每个约75克的小面团。

❼把小面团滚圆，再松弛20分钟。

❽小面团擀开排气，再卷成长条形，放入长方形纸模中。

❾放入烤盘，再放进发酵箱，最后醒发约90分钟。

❿将醒发好的每个面团用刀在表面划3刀。

⓫扫上全蛋液（分量外），挤上奶油（分量外），撒上瓜子仁。

⓬放入烤箱烘烤，温度为上火190℃、下火165℃，烤15分钟左右，烤熟即可。

香菇培根卷

材料

高筋面粉 400 克，改良剂 2 克，全蛋液 55 克，奶油 50 克，低筋面粉 100 克，奶粉 10 克，清水 255 毫升，炒熟的香菇 85 克，酵母 6 克，砂糖 95 克，盐 5 克，干葱 2 克，培根适量

做法

1. 将高筋面粉、低筋面粉、酵母、改良剂、奶粉、砂糖拌匀。
2. 加入全蛋液与清水搅拌匀，转快速搅拌2分钟左右。
3. 加入奶油和盐拌匀，拌至面筋扩展。
4. 加入熟香菇拌匀，松弛20分钟。
5. 面团分割成每个65克的小面团，滚圆松弛。
6. 将松弛好的面团用擀面杖擀开排气。
7. 放上培根，然后卷成圆形，在顶部中间剪开一个小口，然后放入圆形纸模中。
8. 排入烤盘，进发酵箱中醒发70分钟，温度37℃、湿度75%。
9. 将醒好的面团扫上全蛋液（分量外）。
10. 放上干葱，入炉烘烤14分钟，温度为上火185℃、下火195℃。

制作指导

面团过度起筋会影响面包的松软度，所以加入香菇后，拌匀即可，注意搅拌时间不要过长，防止面团过度起筋。

香菇乳酪吐司

材料

高筋面粉 650 克，改良剂 3 克，全蛋液 80 克，奶油 85 克，低筋面粉 100 克，奶粉 20 克，清水 380 毫升，香菇 125 克，酵母 8 克，砂糖 140 克，盐 7.5 克，乳酪丝适量

做法

❶ 将高筋面粉、低筋面粉、酵母、改良剂、奶粉和砂糖拌匀。

❷ 加入全蛋液和清水慢速拌匀，转快速搅拌均匀。

❸ 加入盐和奶油拌匀，拌至面筋扩展。

❹ 加入炒过的香菇慢速拌匀，发酵20分钟。

❺ 面团分割成每个50克的小面团，滚圆后松弛20分钟。

❻ 放入烤盘，进发酵箱中醒发65分钟，温度37℃、湿度80%。

❼ 在醒发好的面团表面用刀划几刀，扫上全蛋液（分量外）。

❽ 放上乳酪丝，入炉烘烤，温度为上火180℃、下火190℃，时间16分钟左右，烤好后出炉。

制作指导

为保证面团的醒发度，在条件允许的情况下，建议搅拌好的面团温度为 26℃左右，这样醒发好的吐司会更加松软。

鸡尾面包

材料

主面：

高筋面粉1000克，砂糖185克，清水525毫升，盐10克，酵母10克，蜂蜜50毫升，奶粉40克，奶油110克，改良剂3克，全蛋液100克，奶香粉3克

鸡尾馅：

砂糖100克，全蛋液15克，低筋面粉50克，奶油100克，奶粉、椰蓉各适量

吉士馅：

清水100毫升，即溶吉士粉35克

其他配料：

白芝麻适量

制作指导

注意整形时要卷紧面团，防止烤制过度膨胀，影响面包的整体效果。

做法

❶高筋面粉、酵母、奶香粉、奶粉、改良剂、砂糖拌匀。

❷加入全蛋液、清水、蜂蜜慢速搅拌，转快速拌2分钟。

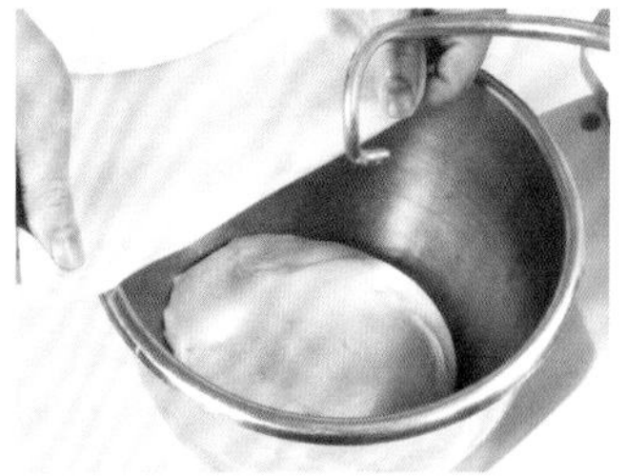

❸加入奶油、盐拌匀，转快速打至面筋扩展至薄膜状。

❹松弛20分钟，温度30℃、湿度75%。

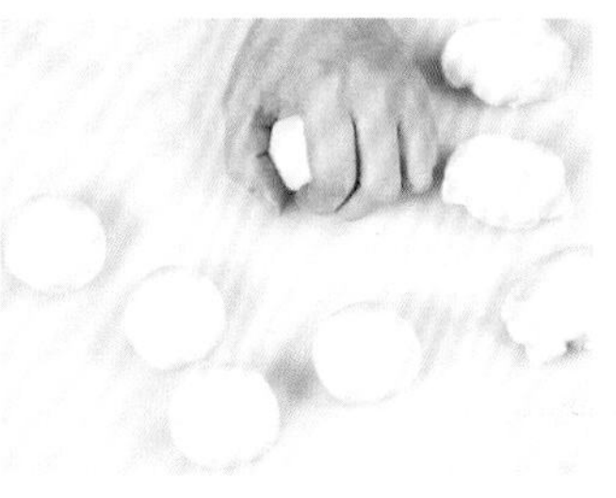

❺把松弛好的面团分成每个60克的小面团，再滚圆。

❻把小面团压扁排气。

❼将砂糖、奶油、全蛋液、奶粉、低筋面粉、椰蓉拌匀。

❽放入做法7拌匀的鸡尾馅，卷成橄榄形。

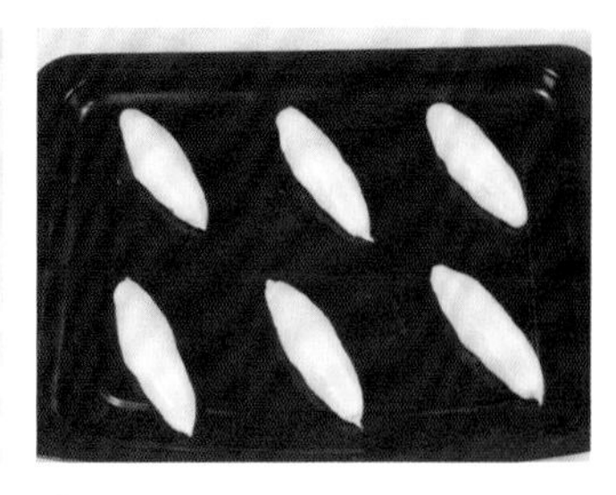

❾进入发酵箱，醒发90分钟左右。

❿发至原面团体积的3倍大后扫上全蛋液（分量外）。

⓫将清水、即溶吉士粉拌匀即成吉士馅。

⓬挤上吉士馅，撒上白芝麻，入炉烘烤15分钟，上火185℃、下火160℃。

燕麦面包

材料

高筋面粉 400 克，燕麦粉 100 克，酵母 6 克，改良剂2克，吉士粉 20 克，砂糖、奶油各45克，清水 300 毫升，盐 12 克，燕麦片适量

制作指导

最后粘燕麦片的时候要裹均匀，不要粘过多，喜欢甜食的，还可以用蜂蜜代替清水来粘燕麦片，味道更加美味。

做法

❶ 高筋面粉、燕麦粉、酵母、改良剂、吉士粉拌匀。

❷ 加入砂糖、清水拌匀，转快速拌至七八成筋度。

❸ 加入奶油、盐慢速拌匀，转快速拌至面筋完全扩展。

❹ 松弛20分钟，保持温度30℃、湿度75%。

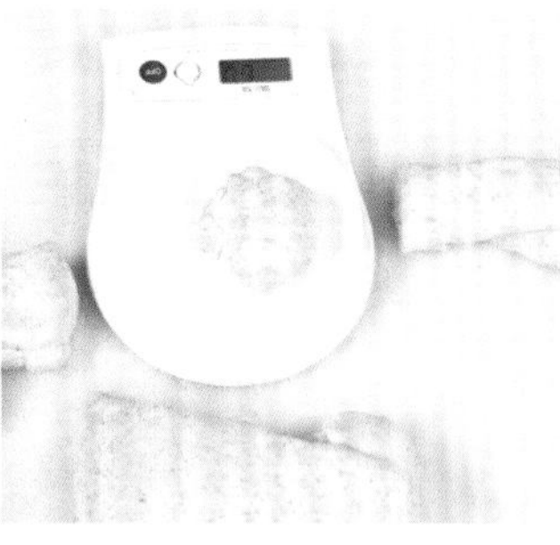

❺ 把松弛好的面团分成每个约70克的小面团即可。

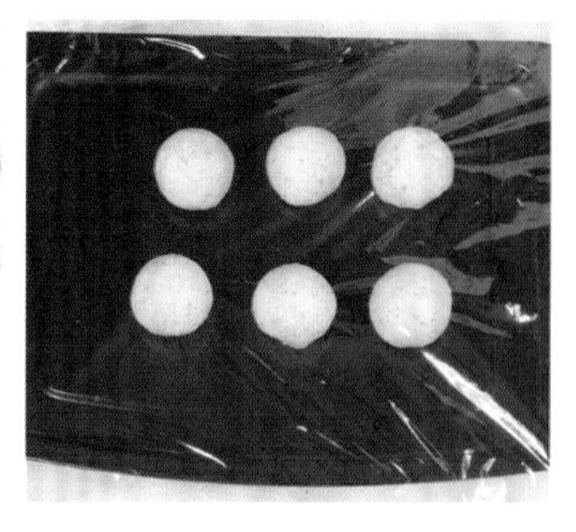

❻ 滚圆至光滑，用保鲜膜包好，松弛20分钟。

❼ 把松弛好的小面团压扁排气，卷成橄榄形。

❽ 扫上清水（分量外），粘上燕麦片，排好放入发酵箱，然后醒发90分钟。

❾ 入炉烤15分钟，温度为上火200℃、下火170℃，烤至呈金黄色即可。

鸡肉乳酪面包

材料

面团：

高筋面粉 1250 克，砂糖 85 克，鲜奶油 25 克，酵母 16 克，奶粉 50 克，盐 25 克，改良剂 3.5 克，全蛋液 100 克，奶油 120 克，清水适量

香菇鸡馅：

香菇 100 克，砂糖 10 克，鸡肉 175 克，鸡精 3 克，盐 2 克，清水 25 毫升，酱油 15 毫升

其他配料：

乳酪丝 50 克，沙拉酱适量，全蛋液 50 克

做法

1. 高筋面粉、酵母、改良剂、奶粉和砂糖拌匀，加入全蛋液和清水搅拌2分钟，加入奶油、盐和鲜奶油快速搅拌至面筋扩展。
2. 松弛20分钟，温度30℃、湿度80%。
3. 把面团分割成每个65克的小面团，滚圆至光滑，松弛20分钟，压扁排气。
4. 将所有香菇鸡馅材料炒熟，盛出，包入面团中，包成三角形，放入三角形纸模中。
5. 排上烤盘，进发酵箱醒发85分钟，温度37℃、湿度75%。
6. 醒发好的面团扫上全蛋液（分量外）。
7. 放上乳酪丝，挤上沙拉酱，入炉烘烤，上火185℃、下火165℃，时间大约15分钟。

制作指导

包馅时要凉透才可以包。

美妙蒜蓉面包

材料

面团：

高筋面粉 2500 克，奶粉 110 克，清水 1300 毫升，奶油 265 克，酵母 25 克，砂糖 235 克，鲜奶油适量，改良剂适量，全蛋液 100 克，盐适量

蒜蓉馅：

奶油 150 克，蒜蓉 45 克，盐 1 克

其他配料：

干葱 15 克

做法

1. 首先将高筋面粉、酵母、改良剂、奶粉、砂糖慢速拌匀，加入全蛋液、清水，慢速搅拌均匀后转快速打2～3分钟。
2. 加入奶油、盐、鲜奶油慢速拌匀，转快速搅拌至面筋扩展呈薄膜状，盖上保鲜膜，发酵20分钟，温度31℃、湿度72%。
3. 发酵好的面团分割成每个70克的小面团，滚圆后盖上保鲜膜，发酵20分钟，擀扁卷成橄榄形。
4. 放入烤盘，入发酵箱发酵90分钟，温度33℃、湿度72%，扫上全蛋液（分量外），在中间划1刀。
5. 中间撒上干葱后挤上蒜蓉馅，入炉烘烤，温度为上火185℃、下火195℃，时间大约15分钟，烤好后出炉。

提子核桃吐司

材料

高筋面粉 900 克，改良剂 4 克，全蛋液、奶油、大豆粉各 100 克，奶粉 45 克，清水 550 毫升，提子干 300 克，酵母 13 克，砂糖 190 克，盐 10 克，核桃 125 克，瓜子仁 20 克

制作指导

在面团上划刀的时候，注意控制好力度，轻轻地划即可，划得太深，吐司容易裂开，会影响到整体的美观度。

做法

❶ 高筋面粉、大豆粉、酵母、改良剂、奶粉加砂糖拌匀。

❷ 加入全蛋液和清水慢速拌匀，转快速搅拌2分钟。

❸ 加入盐和奶油慢速拌匀，再转快速搅拌至面筋扩展。

❹ 加入提子干和核桃慢速搅拌均匀。

❺ 基本发酵20分钟，分割成每个150克的小面团。

❻ 松弛20分钟，再滚圆至表面光滑，放入长方形模具中。

❼ 放入发酵箱，醒发90分钟，温度36℃、湿度75%。

❽ 醒发好的面团表面用刀划几刀，扫上全蛋液（分量外）。

❾ 撒上瓜子仁，进炉，温度为上火165℃、下火195℃，烤20分钟。

乳酪枸杞子面包

材料

高筋面粉 750 克，砂糖 135 克，奶油 85 克，酵母 8 克，全蛋液 100 克，盐 8 克，改良剂 3.5 克，清水 360 毫升，枸杞子 150 克，乳酪丝 12 克，沙拉酱 10 克

做法

❶ 先把高筋面粉、酵母、改良剂、砂糖、全蛋液、清水拌至面筋扩展；加入奶油、盐快速拌至面筋完全扩展；加入一部分枸杞子拌匀，覆保鲜膜，松弛25分钟。

❷ 发酵好的面团分成每个70克的小面团，滚圆，排入烤盘，发酵20分钟，温度38℃、湿度72%。

❸ 将发酵好的面团用手压扁排气，卷成橄榄形。放入发酵箱中，温度35℃、湿度72%。

❹ 醒发至原体积的2.5倍，扫上全蛋液（分量外）。

❺ 中间划1刀，撒上剩余枸杞子。刨上乳酪丝，挤上沙拉酱。

❻ 入炉烘烤13分钟左右，温度为上火180℃、下火165℃，烤好后出炉。

制作指导

枸杞子具有很好的食疗价值，选用枸杞子可以用新鲜的，也可以用干的，注意干的要泡软后使用。

红糖提子面包

材料

高筋面粉1250克，奶粉45克，清水650毫升，酵母135克，红糖245克，盐12克，改良剂4.5克，全蛋液100克，奶油130克，提子干30克，瓜子仁适量

做法

1. 先把红糖、清水、全蛋液慢速拌匀。
2. 加入高筋面粉、酵母、改良剂、奶粉慢速拌匀，转快速拌2～3分钟。
3. 加入奶油、盐慢速拌匀，拌至呈薄膜状，然后盖上保鲜膜，松弛20分钟。
4. 把松弛好的面团分成每个80克的小面团，滚圆后松弛20分钟，压扁排气，放入提子干，卷成橄榄形；放上烤盘，入发酵箱中发酵90分钟，温度38℃、湿度70%，发酵至原面团体积的3倍，表面划几刀，扫上全蛋液（分量外），撒上瓜子仁。
5. 入炉烘烤13分钟左右，温度为上火185℃、下火165℃，烤好出炉。

制作指导

注意搅拌时控制好面团的起筋度，不要搅拌过度，条件允许的情况下，建议保持搅拌好的面团为28℃。

起酥叉烧面包

材料

主面：

高筋面粉 2500 克，砂糖 450 克，淡奶 135 毫升，鲜奶油 65 克，酵母 25 克，蜂蜜 45 毫升，奶粉 12 克，盐 25 克，改良剂 10 克，全蛋液 250 克，清水 1300 毫升，奶油 250 克

其他配料：

起酥皮适量，全蛋液 50 克，叉烧馅适量

做法

❶ 高筋面粉、酵母、改良剂、奶粉与砂糖搅拌匀。

❷ 再加入蜂蜜、全蛋液、淡奶与清水慢速拌匀，转快速搅拌至七八成筋度。

❸ 加入鲜奶油、奶油和盐拌至起筋。

❹ 松弛约20分钟，面团分割成每个60克的小面团。

❺ 再松弛20分钟，用手压扁排气。

❻ 面团中包入叉烧馅，捏紧收口，然后放入纸模中。

❼ 排入烤盘，进发酵箱醒发约80分钟，温度38℃、湿度75%。

❽ 将醒发好的面团扫上全蛋液。

❾ 放上2片起酥皮，入炉烘烤约15分钟，上火190℃、下火160℃，烤熟后出炉。

PART 2

中级入门篇

经过初级的面包烘烤培训后，你现在应该能够制作出一个像样的面包了，那就接受中级的挑战吧！本部分为你挑选的这些面包在烘烤程序上都较初级复杂了一点，不过只要你努力掌握，要吃上更美味的面包一点也不难。

巧克力面包

材料

高筋面粉500克，全蛋液50克，淡奶30毫升，酵母6克，咖啡粉7克，盐5克，改良剂、清水、奶油、砂糖各适量，巧克力馅、白巧克力、黑巧克力豆各适量

制作指导

做巧克力馅时，最好先将其他配料煮成糊状，再加入奶油和白巧克力。

做法

❶ 将巧克力馅煮成糊状，再加白巧克力拌匀。

❷ 将高筋面粉、酵母、砂糖、改良剂和咖啡粉慢速拌匀。

❸ 加入全蛋液、清水、淡奶拌匀，拌至七八成筋度。

❹ 加入奶油、盐慢速拌匀，转快速拌至面筋扩展。

❺ 基本发酵20分钟，温度30℃、湿度70%。

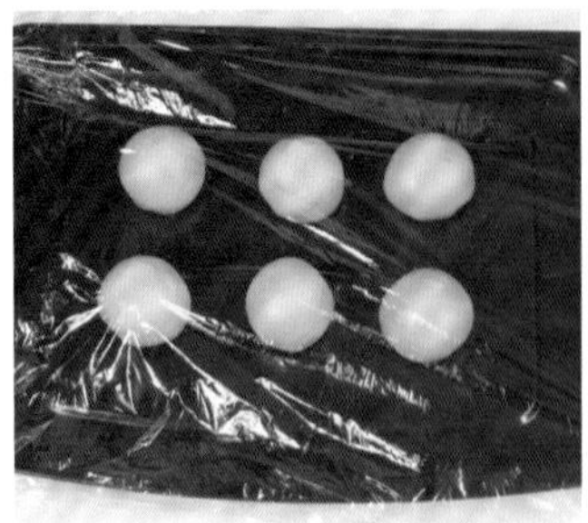

❻ 面团分成每个65克的小面团，滚圆后松弛15分钟。

❼ 扫上清水（分量外），粘上巧克力豆，发酵90分钟。

❽ 入炉烘烤13分钟，温度为上火185℃、下火160℃。

❾ 取出，对半切开，挤入巧克力馅。

培根串

材料

种面：

高筋面粉 500 克，酵母 7 克，全蛋液 50 克，清水 250 毫升

主面：

砂糖 65 克，清水 100 毫升，蜂蜜 15 毫升，高筋面粉 250 克，奶粉 25 克，改良剂 2.5 克，盐 15 克，奶油 70 克，蛋糕油 3 克

其他配料：

培根 100 克，面包糠适量

做法

❶ 将高筋面粉、酵母慢速拌匀。

❷ 加入全蛋液、清水，转快速打2～3分钟。

❸ 盖上保鲜膜，发酵2小时，温度33℃、湿度75%。

❹ 加入砂糖、蜂蜜、清水快速打至糖溶解。

❺ 加入高筋面粉、奶粉、改良剂搅拌匀。

❻ 加入盐、奶油、蛋糕油拌匀，松弛30分钟，温度35℃、湿度76%。

❼ 面团分割为每个60克的小面团，滚圆松弛20分钟。

❽ 用擀面杖压扁排气。

❾ 放上1片培根，切成几片，然后用竹签串起来备用。

❿ 粘上面包糠，常温下松弛90分钟。

⓫ 把松弛好的面团放入锅中，油炸至熟。

制作指导

油温宜控制在 160℃左右。

雪山椰卷

材料

种面：

高筋面粉 1450 克，酵母 22 克，清水适量

主面：

砂糖 500 克，高筋面粉 950 克，盐 25 克，全蛋液 250 克，改良剂 5 克，奶油适量，清水适量，奶香粉 30 克

椰蓉馅：

砂糖 200 克，全蛋液 75 克，椰蓉 300 克，奶油、奶粉各适量，椰香粉 30 克

其他配料：

糖粉 10 克

做法

❶砂糖、奶油慢速拌匀，加入全蛋液拌匀，加入椰蓉、椰香粉、奶粉拌匀即成椰蓉。

❷将高筋面粉、酵母、清水慢速拌匀。

❸发酵2小时后，即成种面，加入砂糖、全蛋液和清水快速打至糖溶化。

❹加入高筋面粉、奶香粉和改良剂拌匀。

❺加入奶油、盐搅拌至面筋扩展。

❻松弛20分钟，分成每个65克的小面团，滚圆松弛。

❼小面团压扁排气，包入椰蓉馅。

❽卷成长形，用刀划几刀，打结后醒发。

❾入炉烘烤15分钟，温度为上火185℃、下火160℃，,取出后筛上糖粉。

流沙面包

材料

面团：

高筋面粉1250克，奶粉50克，清水650毫升，奶油130克，酵母15克，砂糖100克，改良剂4克，全蛋液100克，盐25克

流沙馅：

熟咸蛋黄50克，白奶油15克，奶粉35克，吉士粉5克，奶油75克，砂糖55克，即溶吉士粉25克

其他配料：

黄金酱适量

制作指导

注意流沙馅搅拌时，最好朝一个方向搅拌，这样馅的品质会更好。

做法

❶将高筋面粉、酵母、改良剂、奶粉、砂糖拌匀。

❷全蛋液、清水倒入，快速打2～3分钟。

❸倒入奶油、盐慢速拌匀，拌匀后转快速拌2～3分钟。

❹盖上保鲜膜，松弛22分钟，温度33℃、湿度70%。

❺然后把松弛好的面团分割为每个65克的小面团。

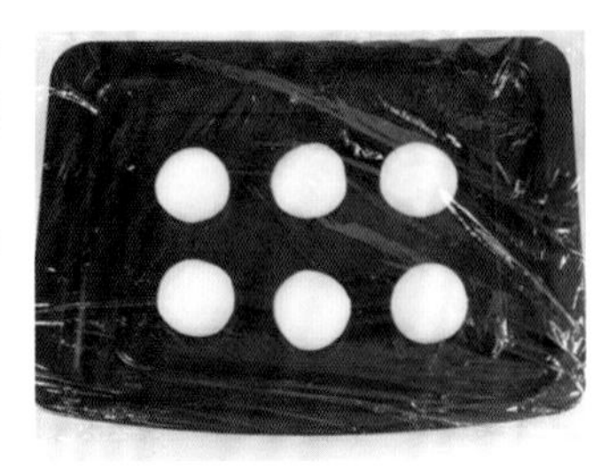

❻小面团滚圆，盖上保鲜膜，松弛20分钟，温度33℃、湿度72%。

❼流沙馅料混合备用。

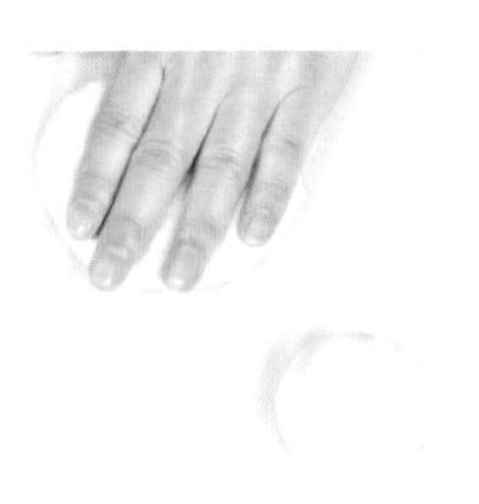

❽松弛好的小面团压扁排气。

❾包入流沙馅。

❿放小杯形模具中，放入烤盘，入发酵箱发酵70分钟，保持温度34℃、湿度71%。

⓫扫上全蛋液（分量外）。

⓬挤上黄金酱，入烤箱进行烘烤，上火180℃、下火195℃即可。

培根乳酪三文治

材料

高筋面粉 1500 克，低筋面粉 375 克，酵母 20 克，改良剂 5 克，砂糖 150 克，全蛋液 150 克，鲜奶 250 毫升，清水 625 毫升，奶粉 45 克，盐 36 克，白奶油 280 克，火腿片 100 克，培根片 100 克，沙拉酱适量，乳酪片适量

做法

❶高筋面粉、低筋面粉、酵母、改良剂、砂糖、奶粉慢速拌匀。

❷加全蛋液、鲜奶、清水快速拌2分钟。

❸加入白奶油、盐快速拌至面团光滑。

❹松弛20分钟，分成每个250克的小面团，滚圆再松弛20分钟。

❺面团用擀面杖擀开排气，卷至表面光滑。

❻醒发后盖上铁盖，入炉烘烤45分钟，温度为上火180℃、下火180℃。

❼烤好后取出切片。

❽分别放上火腿片、培根片，中间用沙拉酱及面包片隔开，切去边皮，沿斜角切开，扫上全蛋液（分量外），放上乳酪片。

❾入烤炉，上火190℃、下火110℃，烤15分钟即可。

制作指导

三文治以色泽金黄最为诱人，所以在烤制过程中，注意火候，不要烤得颜色太深。

乳酪蓝莓面包

材料

种面：

高筋面粉 850 克，酵母 12 克，全蛋液 125 克，清水 430 毫升

主面：

砂糖 200 克，蜂蜜 100 毫升，清水 150 毫升，高筋面粉 400 克，奶粉 50 克，改良剂 4 克，盐 12.5 克，奶油 125 克

蓝莓馅：

鲜奶 50 毫升，蓝莓酱 100 克，吉士粉 85 克

其他配料：

杏仁片适量，乳酪酱适量

做法

❶ 鲜奶、蓝莓酱、即溶吉士粉拌成蓝莓馅。

❷ 将高筋面粉、酵母、清水和全蛋液快速打2分钟，发酵125分钟即成种面。

❸ 种面、砂糖、蜂蜜、清水快速搅拌2分钟。

❹ 加入高筋面粉、奶粉、改良剂打至七八成光滑。加入奶油、盐打至完全扩展。

❺ 发酵30分钟，分成每个65克的小面团，滚圆发酵20分钟，温度32℃、湿度70%。

❻ 小面团用擀面杖擀开排气，抹上蓝莓馅，卷成长形，划刀后放入长形纸模中。发酵后扫上全蛋液（分量外），挤上乳酪酱。

❼ 撒上杏仁片，入炉烘烤18分钟，温度为上火185℃、下火170℃。

培根可颂面包

材料

高筋面粉900克，低筋面粉100克，砂糖90克，酵母16克，改良剂4克，奶粉100克，全蛋液150克，盐16克，奶油90克，蛋黄100克，鲜奶125毫升，番茄汁50毫升，片状酥油适量，培根片100克，洋葱条75克，乳酪条适量，沙拉酱适量

做法

❶ 高筋面粉、低筋面粉、砂糖、酵母、改良剂、蛋黄、鲜奶、番茄汁慢速拌匀，转快速拌2分钟。

❷ 加入盐、奶油拌至面团表面光滑。

❸ 面团压扁呈长方形，冷冻30分钟。

❹ 将面团擀宽擀长，放入片状酥油，按紧。

❺ 用擀面杖将面团再次擀宽擀长。

❻ 将面团叠成3层，放入冰箱冷藏30分钟。

❼ 冻好的面团取出，擀开擀长至厚0.7厘米。

❽ 切成长12厘米、宽9厘米的面块。

❾ 将切开的面块扫上全蛋液，放上培根片。

❿ 往中间叠，将培根片包好，用刀划2刀。

⓫ 醒发后，扫上全蛋液（分量外），放洋葱条、乳酪条，挤上沙拉酱，入炉烤17分钟，温度为上火185℃、下火160℃。

制作指导

不要烤得时间过长，以免面团收缩。

香菇鸡粒吐司

材料

种面：

高筋面粉 600 克，酵母 11 克，全蛋液 50 克，清水 325 毫升

主面：

砂糖 85 克，清水 180 毫升，高筋面粉 400 克，改良剂 5 克，奶粉 45 克，奶香粉 5 克，奶油 100 克，盐 20 克

其他配料：

香菇鸡粒馅适量，乳酪片适量，沙拉酱适量

做法

❶ 高筋面粉、酵母拌匀，加入全蛋液和清水搅拌匀。

❷ 发酵2小时，即成种面。

❸ 把种面、砂糖和清水拌至糖溶化。

❹ 加入高筋面粉、改良剂、奶香粉和奶粉慢速拌匀，转快速搅拌2分钟。

❺ 加入奶油和盐拌至可拉出薄膜状。

❻ 松弛20分钟，分割成每个100克的小面团。

❼ 小面团滚圆松弛20分钟，温度30℃、湿度70%，再擀开排气。

❽ 放上香菇鸡粒馅，卷成形，醒发10分钟。

❾ 扫上全蛋液（分量外），放上乳酪片。

❿ 挤上沙拉酱，入炉烘烤，上火170℃、下火215℃，时间大约25分钟即可。

西式香肠面包

材料

高筋面粉 1750 克，奶粉 65 克，清水 850 毫升，奶油 150 克，酵母 20 克，砂糖 150 克，改良剂 7 克，全蛋液 150 克，盐 36 克，红椒丝 15 克，乳酪丝 30 克，沙拉酱、香肠各适量，蛋黄液适量

制作指导

剪时不要把面团剪断，要注意控制好力度，开口不可过大，剪口方向也要控制好，这样做出来的面包造型，烤出来才更加好看。

做法

❶将高筋面粉、酵母、改良剂、奶粉和砂糖拌匀。

❷加入全蛋液和清水慢速拌匀，转快速搅拌2分钟。

❸把奶油、盐加入慢速拌匀，再转快速拌匀。

❹搅拌至面筋可扩展至薄膜状即可。

❺盖上保鲜膜松弛约25分钟左右。

❻松弛好的面团，分割成每个65克的小面团。

❼把小面团滚圆，盖上保鲜膜松弛20分钟。

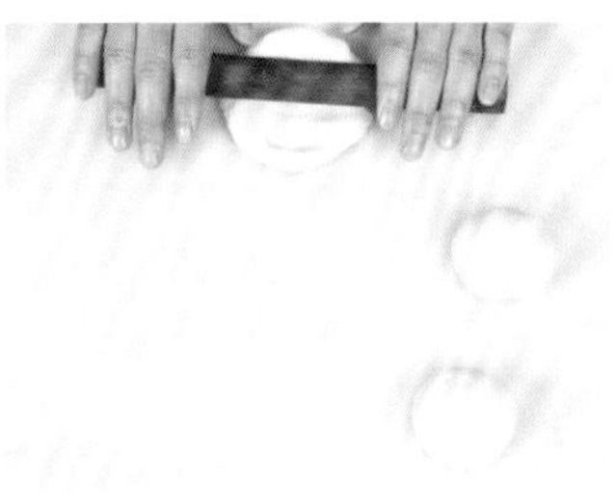

❽松弛好的小面团用擀面杖擀开排气。

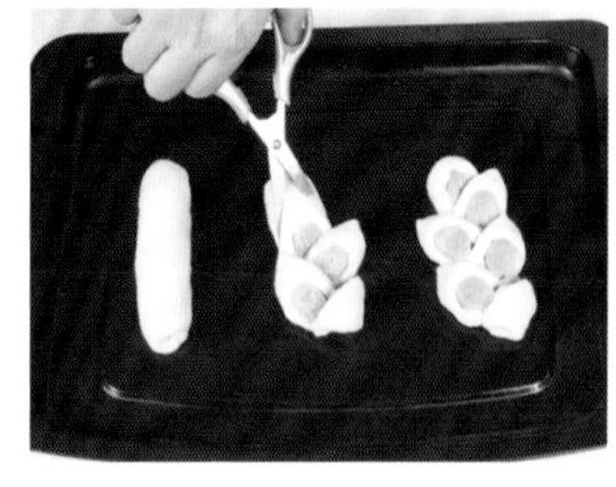

❾包入香肠，卷成长条形，用剪刀左右不对称剪，呈麻花状剪5刀。

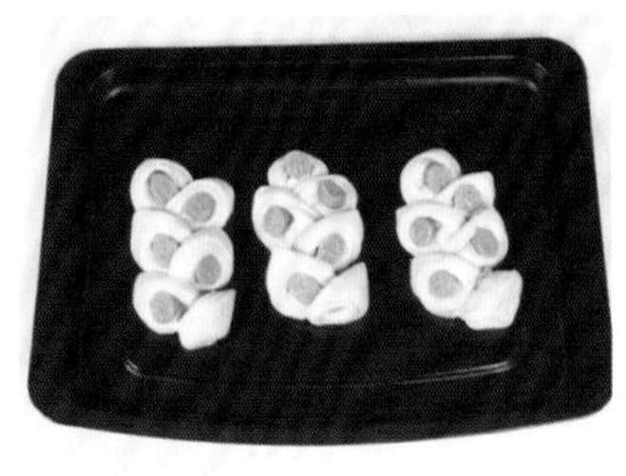

❿入发酵箱醒发100分钟，温度38℃、湿度78%。

⓫发酵的面团扫上蛋黄液，撒上红椒丝、乳酪丝。

⓬挤上沙拉酱，入炉烘烤，上火185℃、下火160℃，烤好即可出炉。

瑞士红豆面包

材料

种面：

高筋面粉 850 克，酵母 12 克，全蛋液 130 克，清水 430 毫升

主面：

砂糖 215 克，高筋面粉 400 克，奶香粉 5 克，蜂蜜 35 毫升，改良剂 4 克，盐 13 克，清水 125 克，奶粉 50 克，奶油 125 克

其他配料：

红豆馅 200 克，瓜子仁适量

做法

❶将高筋面粉、酵母慢速拌匀。

❷加入全蛋液、清水慢速拌匀，转快速搅拌成团。

❸发酵130分钟，即成为发酵好的种面。

❹将种面、砂糖、蜂蜜和清水倒入拌匀。

❺加入高筋面粉、奶粉、改良剂、奶香粉慢速拌匀，转快速拌2分钟。

❻加入奶油、盐拌匀，拌至可拉出薄膜状，松弛20分钟，温度30℃、湿度80%，分成每个70克的小面团，滚圆再松弛15分钟。

❼压扁排气，包入红豆馅，卷起成形，表面划几刀。

❽放上烤盘，进发酵箱醒发80分钟，温度38℃、湿度75%。

❾醒发好的面团扫上全蛋液（分量外）。

❿撒上瓜子仁，入炉烘烤15分钟，温度为上火190℃、下火170℃。

玉米乳酪面包

材料

种面：

高筋面粉 1050 克，酵母 18 克，蜂蜜 25 毫升，全蛋液 150 克，水 550 毫升

主面：

砂糖 290 克，清水 185 毫升，改良剂 3 克，高筋面粉 450 克，奶粉 55 克，盐 15 克，奶油 150 克

乳酪玉米馅：

水 100 毫升，奶油 25 克，卡思粉 40 克，玉米粒 75 克

其他配料：

乳酪片适量

做法

❶水、奶油、卡思粉、玉米粒拌成玉米馅。
❷将种面材料拌匀，快速搅拌2分钟，即可。
❸发酵110分钟，与砂糖和清水拌匀。
❹加入高筋面粉、改良剂和奶粉慢速拌匀，转快速搅拌至七八成筋度。
❺加入奶油和盐慢速拌匀，把面团松弛15分钟，分成每个75克的小面团。
❻松弛15分钟，把松弛好的小面团擀开排气，放上乳酪片，卷起呈长条。
❼剪刀在顶端剪开一个小口，醒发75分钟。
❽扫上全蛋液（分量外），挤上乳酪玉米馅，入炉烘烤，温度为上火190℃、下火165℃至熟。

菠萝提子面包

材料

面团：

高筋面粉 500 克，奶粉 13 克，清水 125 毫升，盐 5 克，酵母 6 克，砂糖 85 克，全蛋液 60 克，奶油 50 克，改良剂 2 克，鲜奶 100 毫升，鲜奶油 25 克，提子干 165 克

菠萝皮：

奶油 250 克，糖粉 215 克，全蛋液 75 克，奶香粉 3 克，低筋面粉 200 克，菠萝适量

做法

1. 将高筋面粉、酵母、改良剂、砂糖拌匀。
2. 加入奶粉、鲜奶、全蛋液和清水快速搅拌2分钟。
3. 加入奶油、盐和鲜奶油慢速拌匀。
4. 快速搅拌至面筋扩展。
5. 加入提子干，慢速拌匀即可。
6. 松弛25分钟，温度30℃、湿度75%。
7. 把松弛好的面团分成每个65克的小面团。
8. 滚圆后松弛20分钟。
9. 把菠萝皮中的所有材料拌匀，分成等份，擀开排气。
10. 压扁菠萝皮，包在小面团外面，然后放入纸模中。
11. 排入烤盘，醒发至原面团的2～3倍即可。
12. 放入烤箱烘烤15分钟，温度为上火185℃、下火165℃，烤好后出炉。

香芹热狗面包

材料

高筋面粉 750 克，砂糖 55 克，全蛋液 100 克，奶油 90 克，培根丝 50 克，低筋面粉 150 克，酵母 10 克，清水 370 毫升，香芹 150 克，甜老面 150 克，改良剂 45 克，盐 18 克，热狗肠 75 克，葱花 10 克

做法

❶加入砂糖、全蛋液、清水、甜老面拌至糖溶化。

❷加入高筋面粉、低筋面粉、酵母和改良剂，搅拌2分钟，加奶油、盐拌至面筋完全扩展。

❸将香芹略加拌炒，和培根丝一起加入面团中拌匀，覆保鲜膜，松弛约25分钟。

❹松弛好的面团分成每个70克的小面团。

❺盖上保鲜膜，松弛20分钟，温度31℃、湿度70%，压扁排气，放上热狗肠，卷成长条。放入纸模中，用刀左右不对称、呈麻花状切4刀，排入烤盘，放入发酵箱中醒发90分钟，温度38℃、湿度75%。

❻给醒发好的面团扫上全蛋液（分量外），撒上葱花。

❼入炉烘烤15分钟左右，温度为上火185℃、下火180℃。

制作指导

切面团时，控制好力度，不要把面团切断。

番茄面包

材料

面团：

高筋面粉 1000 克，奶粉 20 克，番茄汁 550 毫升，酵母 12 克，砂糖 180 克，盐 10 克，改良剂 5 克，全蛋液 65 克，奶油 110 克

蛋黄酱：

糖 50 克，盐 1 克，奶油 70 克，蛋黄 45 克，液态酥油 115 毫升，炼奶 15 毫升

其他配料：

番茄丝适量

制作指导

要掌握好面团的搅拌程度，不要过度起筋，否则会影响面包的口感。

做法

❶糖、盐、奶油、蛋黄、液态酥油、炼奶拌匀成蛋黄酱。

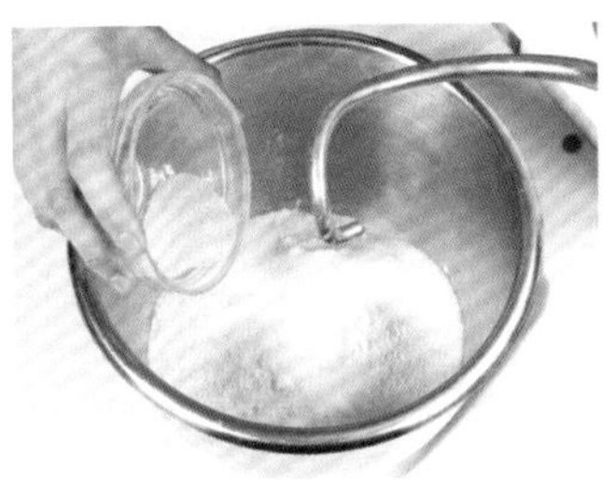

❷将高筋面粉、酵母、砂糖、改良剂和奶粉拌匀。

❸加入全蛋液和番茄汁，快速搅拌至七成筋度。

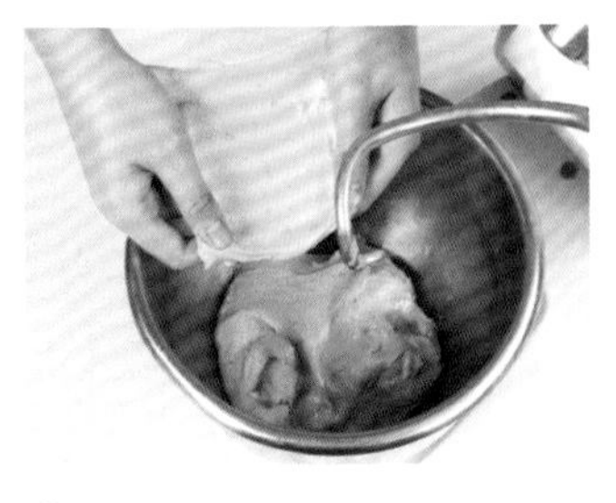

❹加入奶油、盐慢速拌匀，转快速搅拌至可拉出薄膜状。

❺松弛30分钟，温度30℃、湿度75%。

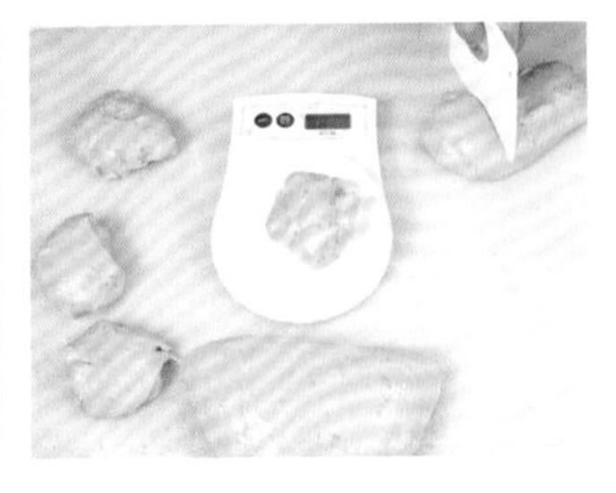

❻把松弛好的面团分成每个60克的小面团。

❼把小面团滚圆，再松弛20分钟左右。

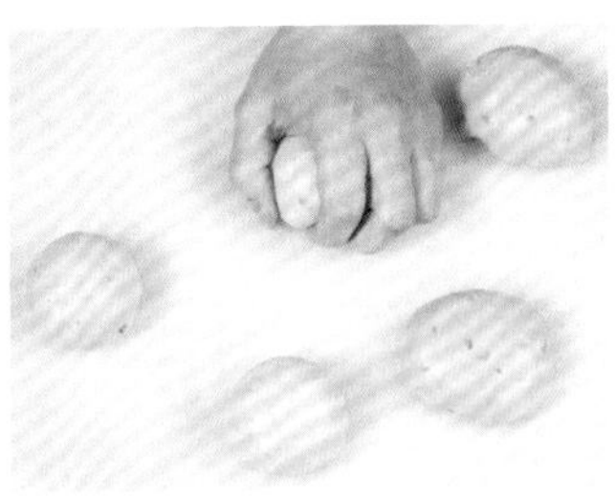

❽滚圆至紧实光滑。

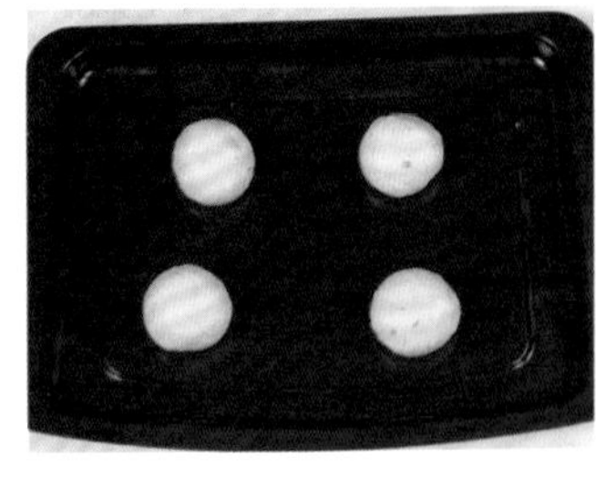

❾放进发酵箱，最后醒发80分钟。

❿醒发至原面团体积的2～3倍即可。

⓫打孔，扫上全蛋液（分量外）。在孔上放入番茄丝，挤上蛋黄酱。

⓬放入烤箱烘烤15分钟，温度为上火185℃、下火160℃，烤好后出炉。

火腿蛋三文治

材料

高筋面粉 1500 克，低筋面粉 375 克，酵母 20 克，改良剂 6.5 克，砂糖 150 克，全蛋液 150 克，鲜奶 200 毫升，清水 630 毫升，奶粉 35 克，盐 37.5 克，白奶油 230 克，火腿片 125 克，沙拉酱、煎好的番茄蛋各适量

做法

❶ 高筋面粉、低筋面粉、酵母、改良剂、奶粉、砂糖慢速拌匀。

❷ 加入全蛋液、鲜奶、清水慢速拌匀，转快速拌2分钟。

❸ 加入白奶油、盐拌至面团表面光滑。

❹ 松弛20分钟后，分割成每个约250克的小面团。

❺ 把面团滚圆，松弛后用擀面杖压扁擀长。

❻ 卷成长条形，放入发酵箱醒发100分钟，温度35℃、湿度75%。

❼ 盖上铁盖，入炉烘烤约45分钟，温度为上火180℃、下火180℃。

❽ 出炉后将面包切片，放上沙拉酱、番茄蛋。挤上沙拉酱，放上一片面包。

❾ 再挤上沙拉酱，放上火腿片及沙拉酱，放上面包片。切掉边角，对折切开。

❿ 在表面挤上沙拉酱，入炉烘烤15分钟，温度为上火180℃、下火180℃。

制作指导

面包出炉后，要凉透后才可以切成片，因为刚烤好的面包太松软，不容易切成形。

肉松火腿三文治

材料

高筋面粉 200 克，低筋面粉 500 克，酵母 25 克，改良剂 8 克，砂糖 200 克，全蛋液 150 克，蛋黄液 60 克，鲜奶 300 毫升，清水 800 毫升，奶粉 50 克，盐 50 克，白奶油 250 克，沙拉酱适量，肉松 100 克，火腿片 125 克，乳酪条适量

做法

❶将高筋面粉、低筋面粉、酵母、奶粉、改良剂、砂糖、奶粉慢速拌匀。

❷全蛋液、鲜奶、清水加入慢速拌匀，转快速拌2分钟。

❸加入白奶油、盐快速拌至面团表面光滑。

❹松弛20分钟后，分割成每个约250克的小面团。

❺滚圆后松弛20分钟，用擀面杖擀开排气。

❻卷成长条形，放入发酵箱醒发100分钟。

❼盖上铁盖，入炉烘烤，温度为上火180℃、下火180℃，出炉后切片，挤上沙拉酱及肉松，再放沙拉酱、面包片。

❽再依序放沙拉酱、火腿片、沙拉酱、面包片。切掉边角，对折切开，扫上蛋黄液。

❾放上乳酪条，入炉烘烤，温度为上火180℃、下火180℃。

菠萝蜜豆面包

材料

菠萝皮：

奶油 120 克，糖粉 120 克，全蛋液 50 克，奶香粉 2 克，低筋面粉适量

面团：

高筋面粉 1500 克，糖粉 300 克，全蛋液 165 克，奶油 150 克，酵母 18 克，奶粉 65 克，清水 800 毫升，改良剂 5 克，奶香粉 12 克，盐 15 克

其他配料：

蜜豆适量

制作指导

加糖粉拌的时候，不要搅拌过度。否则面团过度起筋会影响面包的膨松度。

做法

❶ 将菠萝皮中的所有材料拌匀备用。

❷ 高筋面粉、酵母、改良剂、奶粉、奶香粉和糖粉拌匀。

❸ 加入全蛋液和清水慢速拌匀，再快速搅拌2分钟。

❹ 拌至面团起筋，加入奶油、盐，拌至面筋扩展。

❺ 盖上保鲜膜松弛15分钟，温度30℃、湿度75%。

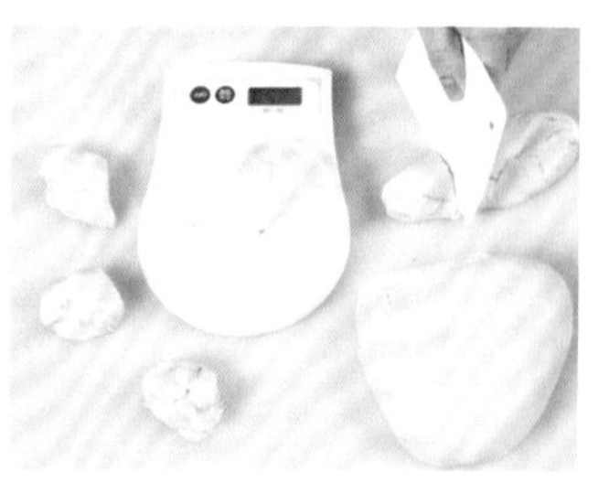

❻ 把松弛好的面团分割成每个65克的小面团。

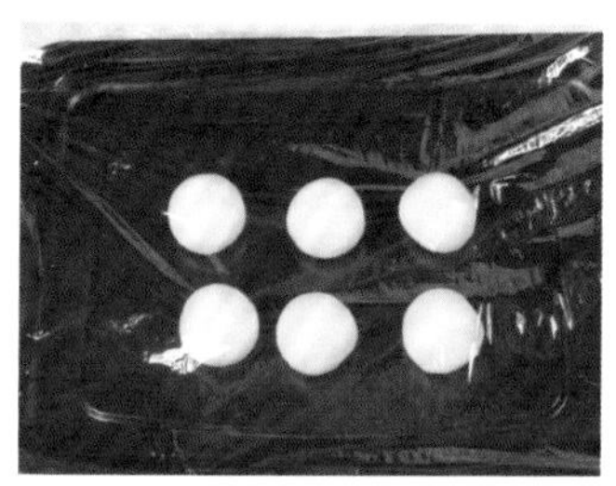

❼ 滚圆后松弛20分钟。

❽ 然后将松弛好的小面团用手压扁排气。

❾ 包入蜜豆，揉成圆形。

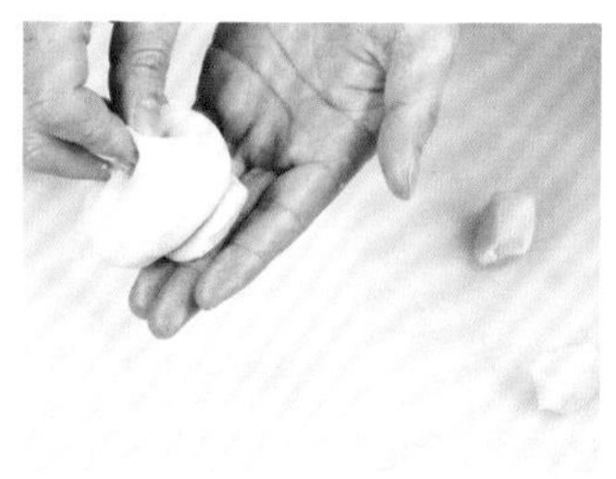

❿ 将菠萝皮包在面团外面即可，放入杯形模具中。

⓫ 排入烤盘以常温醒发100分钟左右。

⓬ 入炉烘烤，上火180℃、下火190℃，烤约15分钟，烤好出炉。

亚提士面包

材料

乳酪馅：

奶油乳酪 120 克，奶油 120 克，糖粉 60 克，奶粉 45 克，低筋面粉 20 克

种面：

高筋面粉 800 克，鲜奶 430 毫升，酵母 16 克，全蛋液 150 克

主面：

砂糖 286 克，高筋面粉 600 克，改良剂 4 克，奶粉 30 克，奶油适量，盐、清水各适量

汤面：

高筋面粉 300 克，热水、砂糖各适量

其他配料：

提子干适量，杏仁片适量，全蛋液适量

做法

❶ 奶油乳酪、奶油、糖粉、奶粉和低筋面粉拌成芝士馅。

❷ 种面材料搅打后，发酵90分钟，温度35℃、湿度70%。

❸ 汤面材料与种面、砂糖和清水一起拌匀，加入高筋面粉、改良剂和奶粉拌匀，加入盐、奶油慢速拌匀。

❹ 松弛后分成每个75克的小面团，滚圆松弛20分钟，用擀面杖擀开，放入提子干，卷成形。排好放入发酵箱醒中发65分钟。

❺ 扫上全蛋液，挤上乳酪馅。

❻ 撒上杏仁片，入炉烘烤15分钟，温度为上火185℃、下火160℃。

番茄蛋面包

材料

种面：

高筋面粉 500 克，全蛋液 75 克，酵母 7 克，清水 250 毫升

主面：

砂糖 150 克，清水 125 毫升，高筋面粉 250 克，改良剂 2.5 克，奶粉 25 克，盐 8 克，奶油 75 克

其他配料：

炒好的番茄鸡蛋适量，番茄酱适量，乳酪丝 50 克

做法

❶将高筋面粉、酵母慢速拌匀。

❷加入全蛋液、清水快速拌2～3分钟。

❸面团发酵2个小时。

❹面团、砂糖、清水打2分钟，打成糊状。

❺加入高筋面粉、改良剂、奶粉慢速拌匀，转快速搅拌2分钟。

❻加盐、奶油慢速拌匀，拌至面筋扩展。

❼松弛20分钟，分割成每个60克的小面团。

❽滚圆小面团，松弛20分钟。

❾用擀面杖擀开排气，卷起，入发酵箱醒发100分钟，温度35℃、湿度70%。

❿取出扫上全蛋液（分量外），放上番茄蛋和乳酪丝。

⓫挤上番茄酱，放入烤箱，温度为上火185℃、下火165℃，烘烤15分钟。

燕麦起酥面包

材料

面团：

高筋面粉 565 克，燕麦粉 185 克，酵母 10 克，改良剂 3 克，麦芽粉 3 克，砂糖 60 克，清水 400 毫升，盐 16 克，奶油 50 克

起酥皮：

高筋面粉 500 克，低筋面粉 500 克，盐 15 克，味精 3 克，奶油 50 克，全蛋液 75 克，清水 425 毫升，片状起酥油 750 克

其他配料：

全蛋液适量

制作指导

制作起酥皮时，要松弛足够时间，否则起酥皮会不够松脆。

做法

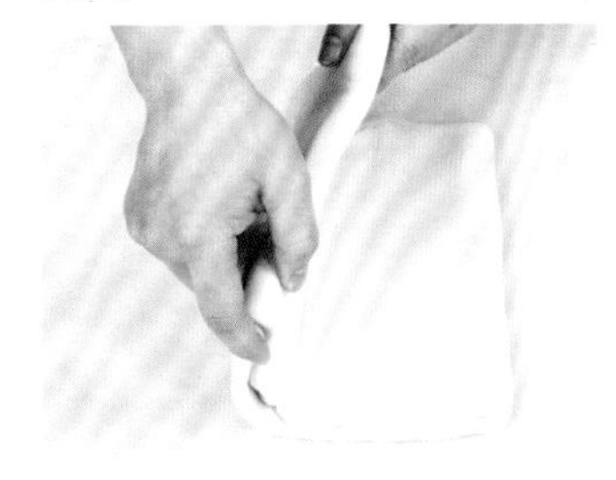

❶将起酥皮的所有材料混合拌匀做成起酥皮备用。

❷高筋面粉、燕麦粉、酵母、改良剂、砂糖、麦芽粉拌匀。

❸加入吉士粉、清水慢速拌匀，转快速拌2分钟。

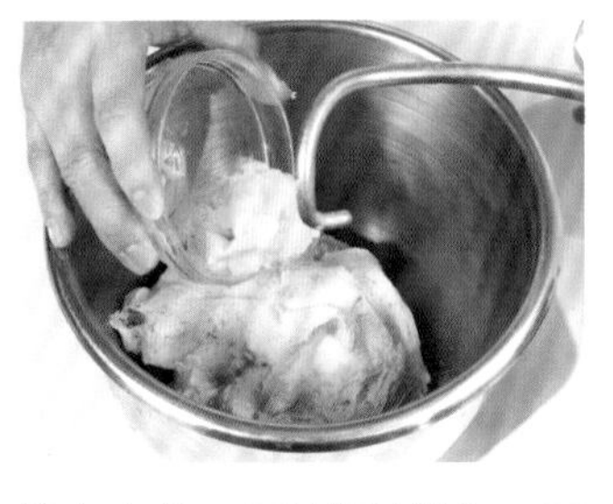

❹加入盐、奶油慢速拌匀，再转快速搅拌。

❺搅拌至面团筋度扩展。

❻盖上保鲜膜，松弛20分钟左右。

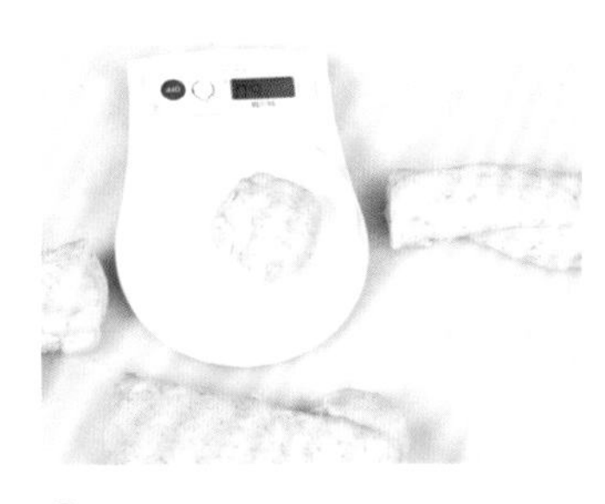

❼然后把松弛好的面团分成每个65克的小面团。

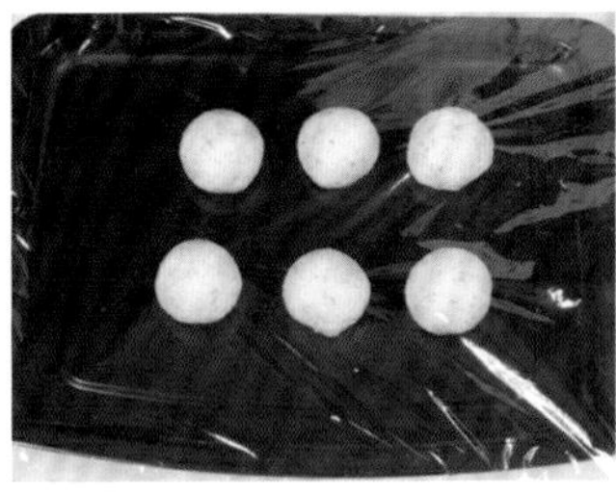

❽滚圆，盖上保鲜膜，松弛20分钟。

❾再次滚圆小面团。

❿放上烤盘，入发酵箱，醒发90分钟，温度32℃、湿度80%。

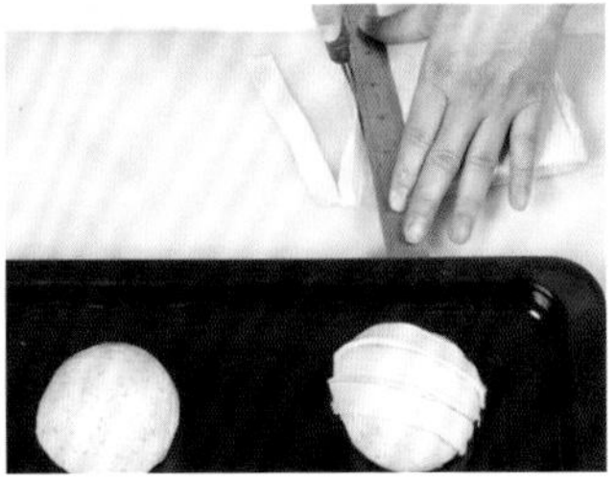

⓫扫上全蛋液，用刀把起酥皮切成长条形状，每个面团放3条。

⓬入炉烘烤15分钟左右，温度为上火200℃、下火170℃，烤好出炉。

黑椒热狗丹麦面包

材料

高筋面粉 1700 克，低筋面粉 300 克，砂糖 265 克，全蛋液 250 克，纯牛奶 250 毫升，冰水 650 毫升，酵母 16 克，改良剂 3.5 克，盐 28 克，奶油 225 克，片状酥油 100 克，黑椒热狗肠 200 克，乳酪片、沙拉酱各适量

做法

❶将高筋面粉、低筋面粉、砂糖、酵母、改良剂慢速拌匀。

❷加全蛋液、纯牛奶、冰水拌匀，打2分钟。

❸加入奶油、盐慢速拌匀，搅打2分钟左右。

❹用手压扁，盖上保鲜膜，入冰箱冷藏30分钟左右。

❺用擀面杖擀宽擀长，放上片状酥油。

❻包起片状酥油，用擀面杖擀宽、擀长。

❼叠3层，入冰箱冷藏30分钟以上，重复3次即可。

❽擀成0.6厘米厚、8厘米宽、15厘米长。

❾扫上全蛋液（分量外），两边向中间卷，成形，放上黑椒热狗肠。

❿发酵60分钟，扫上全蛋液、乳酪片。

⓫挤上沙拉酱，入炉烘烤16分钟，上火185℃、下火165℃。烤好即可出炉。

制作指导

两边卷成形时，稍微压紧。

可颂面包

材料

高筋面粉450克，低筋面粉50克，砂糖45克，酵母8克，改良剂2克，奶粉50克，全蛋液75克，冰水250毫升，盐8克，奶油45克，片状酥油适量

做法

❶ 将高筋面粉、砂糖、低筋面粉、酵母、改良剂、奶粉慢速拌匀。

❷ 加入全蛋液、冰水慢速拌匀，转快速拌2分钟左右。

❸ 加入奶油、盐慢速拌匀，转快速拌2~3分钟。

❹ 用手压扁成长方形，然后入冰箱冷冻30分钟以上。

❺ 用擀面杖擀宽、擀长，放上片状酥油。

❻ 包好，并捏紧收口，然后用擀面杖擀宽、擀长。

❼ 叠3折，冷藏30分钟以上，重复3次即可。

❽ 切成0.5厘米厚、13厘米宽的面皮。

❾ 用刀裁成三角形，拉长，从边向角的方向卷成牛角形，放入烤盘。

❿ 扫上全蛋液（分量外），入炉烘烤15分钟，上火200℃、下火165℃。

制作指导

注意搅拌面团时，要观察面团的起筋程度，拌匀即可，切忌使面团起筋过度，会影响到面包的松软口感。

红豆辫子面包

材料

种面：

高筋面粉1750克，全蛋液250克，酵母23克，清水830毫升

主面：

砂糖450克，高筋面粉750克，奶香粉10克，蜂蜜85毫升，改良剂8.5克，盐25克，清水285毫升，奶粉95克，奶油250克

其他配料：

杏仁片30克，红豆馅适量

制作指导

包红豆馅的时候，注意不要包太多，口要收紧，否则烘烤过后馅料容易爆出。

做法

❶把高筋面粉、酵母拌匀。

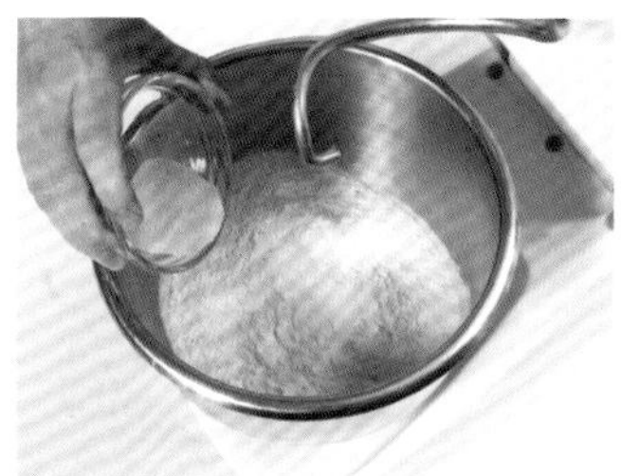

❷加入全蛋液、清水后，慢速拌匀。

❸转快速打1～2分钟。

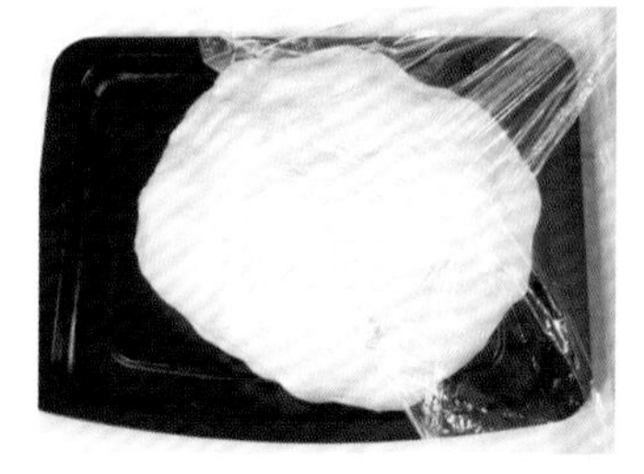

❹发酵2小时，即成为种面。

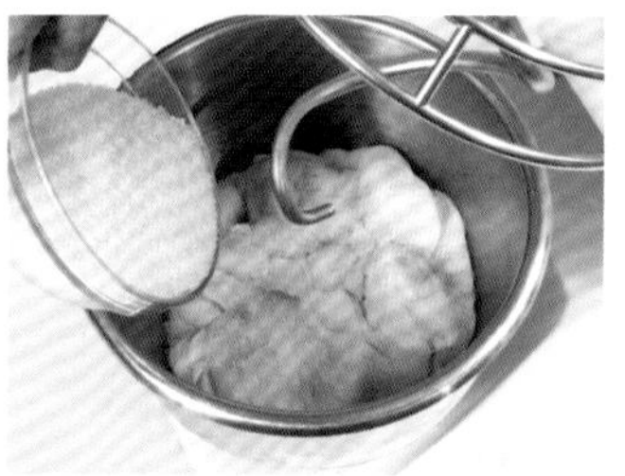

❺将种面、砂糖、蜂蜜、清水快速搅拌至糖溶解。

❻加入高筋面粉、改良剂、奶粉、奶香粉拌匀。

❼加入奶油、盐慢速拌匀，转快速搅拌至可拉出薄膜状。

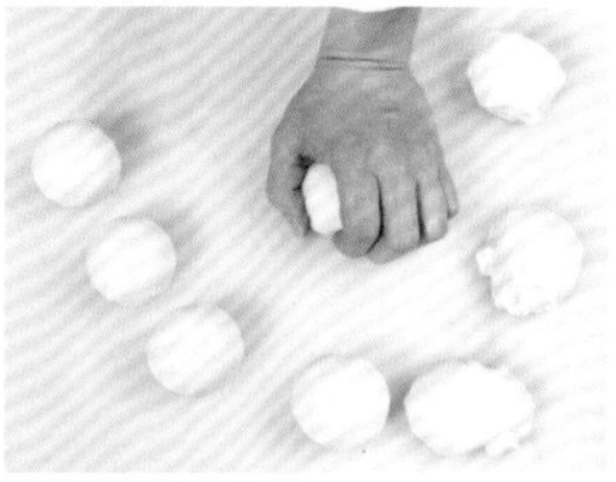

❽松弛20分钟，分成每个70克的小面团，滚圆。

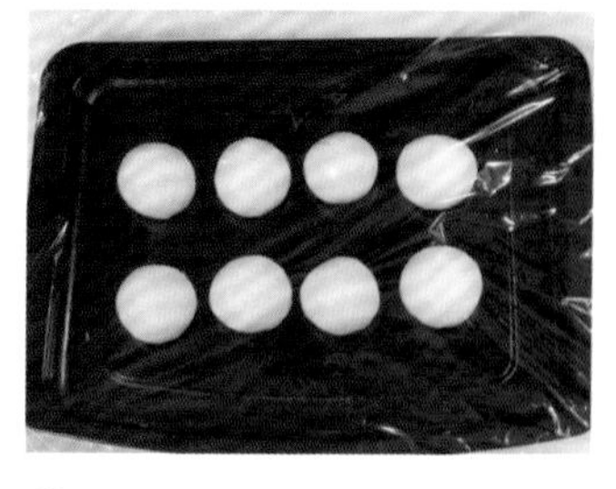

❾发酵20分钟后压扁排气。

❿包入红豆馅，用擀面杖压扁排气，在表面划几刀露出红豆馅，分成3条面团，做成辫子状，最后收口即可。

⓫放在长方形的纸模中，发酵90分钟，温度37℃、湿度80%。

⓬扫上全蛋液（分量外），撒上杏仁片，入炉以上火185℃、下火170℃，烘烤15分钟左右。

肉松乳酪面包

材料

种面：

高筋面粉 1650 克，酵母 21 克，清水适量

主面：

砂糖 500 克，高筋面粉 850 克，盐 25 克，全蛋液 250 克，奶粉 100 克，奶油 265 克，清水适量，改良剂适量，蛋糕油适量

肉松馅：

肉松 150 克，白芝麻 30 克，奶油 50 克

其他配料：

乳酪条适量

做法

1. 将种面中的所有材料混合慢速拌匀。
2. 发酵2小时，温度31℃、湿度80%。
3. 将种面、砂糖、全蛋液和清水拌匀。
4. 加入高筋面粉、奶粉和改良剂拌匀。
5. 加入奶油、盐和蛋糕油搅拌至面筋扩展。
6. 松弛15分钟，分为每个70克的小面团，滚圆松弛15分钟。
7. 将所有肉松馅的材料加入，拌匀即可。
8. 将小面团用手压扁排气，包入肉松馅。
9. 用刀划几刀，拉长卷成圆形、打结，放入圆形纸模中。
10. 排入烤盘醒发，扫上全蛋液（分量外）。
11. 刨上乳酪条，烘烤温度为上火195℃、下火165℃，大约15分钟，烤熟后出炉。

双色和香面包

材料

种面：

高筋面粉1300克，全蛋液200克，酵母20克，清水适量

主面：

砂糖200克，高筋面粉700克，盐30克，蜂蜜30毫升，改良剂、奶油、奶粉、清水各适量

椰蓉馅：

砂糖200克，全蛋液75克，椰蓉300克，奶油225克，奶粉75克，椰香粉2克

绿茶面糊：

糖粉40克，全蛋液40克，绿茶粉7克，奶油50克，低筋面粉45克

做法

❶ 将高筋面粉、酵母慢速搅拌，加入全蛋液、清水快速打至面团五成筋度，发酵2小时左右，温度31℃、湿度75%，成种面。

❷ 将种面、砂糖、蜂蜜、清水拌匀，加入高筋面粉、改良剂、奶粉拌匀，加入盐、奶油快速搅拌至面筋扩展。

❸ 松弛20分钟，分成每个65克的小面团后滚圆松弛15分钟。

❹ 把砂糖、奶油、全蛋液、奶粉、椰蓉、椰香粉搅拌成椰蓉馅。然后将绿茶面糊材料拌匀，抹上椰蓉馅，放入烤盘中，扫上全蛋液，挤上绿茶面糊，入炉以上火190℃、下火165℃，烘烤30分钟。

黄金杏仁面包

材料

种面：

高筋面粉 500 克，酵母 8 克，清水 285 毫升

主面：

砂糖 150 克，高筋面粉 250 克，盐 7.5 克，全蛋液 85 克，奶粉 35 克，奶油 80 克，清水 50 毫升，改良剂 3 克，蛋糕油 5 克

黄金酱：

蛋黄 4 个，糖粉 60 克，盐 3 克，液态酥油 500 毫升，淡奶 30 毫升，炼奶 15 毫升

其他配料：

杏仁粒适量

做法

❶种面材料加入拌匀，快速搅拌1～2分钟即可。

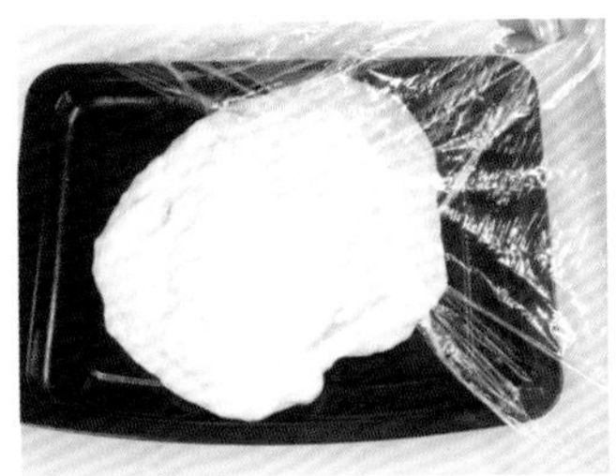

❷发酵10分钟，温度33℃、湿度75%。

❸将种面、砂糖、全蛋液和清水倒入拌至糖溶化。

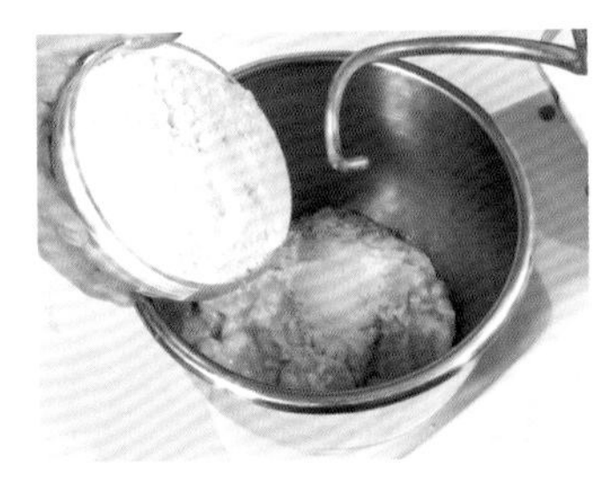

❹加入高筋面粉、奶粉和改良剂快速搅拌3分钟。

❺最后加入奶油、盐和蛋糕油慢速拌匀。

❻拌至面筋扩展，然后松弛15分钟。

❼面团分割成每个30克的小面团，滚圆后松弛15分钟。

❽把松弛好的小面团滚圆至光滑，粘上杏仁粒。

❾排在烤盘上，进发酵箱中醒发75分钟。

❿醒发至原来面团体积的2～3倍即可。

⓫蛋黄、糖粉、盐、液态酥油打发，最后加入淡奶和炼奶拌匀，即成黄金酱。

⓬挤上黄金酱，入炉烘烤，上火185℃、下火160℃，时间12分钟左右。

奶油吉士条

材料

面团：

高筋面粉 100 克，酵母 13 克，改良剂 3 克，砂糖 200 克，奶粉 30 克，全蛋液 100 克，纯牛奶 575 毫升，盐 11 克，奶油 110 克

吉士馅：

清水 150 毫升，即溶吉士粉 47.5 克

其他配料：

全蛋液 50 克，鲜奶油适量

做法

❶ 水、即溶吉士粉拌匀成吉士馅，备用。

❷ 高筋面粉、酵母、改良剂、砂糖、奶粉拌匀，加入全蛋液、牛奶慢速拌匀，然后转快速搅拌2分钟；加入奶油与盐慢速拌匀，然后快速搅拌至面筋扩展即可。

❸ 盖上保鲜膜，基本发酵20分钟。

❹ 将面团分割成每个75克的小面团，滚圆，覆保鲜膜松弛20分钟，排气后卷成长条，排入烤盘，进发酵箱中醒发75分钟，温度36℃、湿度80%。

❺ 扫上全蛋液，挤上吉士馅，放进烤箱烘烤约15分钟，上火190℃、下火160℃。

❻ 将烤好的面包出炉，凉透以后，用锯刀侧面锯开，然后挤上鲜奶油即可。

制作指导

待面包完全凉透后再切开。

香菇鸡面包

材料

面团：

高筋面粉 500 克，砂糖 45 克，鲜奶油 15 克，全蛋液 50 克，奶油 50 克，酵母 5 克，奶粉 18 克，改良剂 5 克，盐 10 克

香菇鸡馅：

香菇 100 克，盐 1.5 克，鸡精 3 克，玉米淀粉 7.5 克，鸡肉 175 克，酱油 20 毫升

沙拉酱：

砂糖 50 克，味精 1 克，色拉油 450 毫升，淡奶 18 毫升，盐 2 克，全蛋液、白醋各适量

做法

❶香菇鸡馅所有材料炒熟备用；砂糖、盐、味精、全蛋液搅匀，加入色拉油打发，加入白醋、淡奶拌匀成沙拉酱。

❷高筋面粉、酵母、改良剂、奶粉、砂糖、全蛋液、清水搅至面团光滑，加奶油、盐，拌至面团扩展光滑。

❸松弛15分钟，面团分成每个70克的小面团，滚圆松弛20分钟。

❹放入圆形纸模内，香菇鸡馅放在面团中间，卷成形，排入烤盘，醒发80分钟，温度35℃、湿度75%。

❺发至模具九分满，在面团顶部划 3 刀，扫上全蛋液（分量外），挤上沙拉酱后入炉烘烤，上火175℃、下火190℃。

瓜子仁面包

材料

种面：

高筋面粉 600 克，酵母 10 克，清水 350 毫升

主面：

高筋面粉 300 克，清水 200 毫升，奶油 10 克，低筋面粉 100 克，改良剂 2 克，砂糖 15 克，盐 20 克

其他配料：

瓜子仁适量

制作指导

粘瓜子仁的时候一定要先喷水，不然瓜子仁粘不牢固，喜欢吃甜的，也可以用蜂蜜代替水来粘瓜子仁。

做法

❶将高筋面粉、酵母、清水快速打2~3分钟。

❷盖上保鲜膜，发酵2小时，温度36℃、湿度71%。

❸发至原来面团的3.5倍大，即成种面。

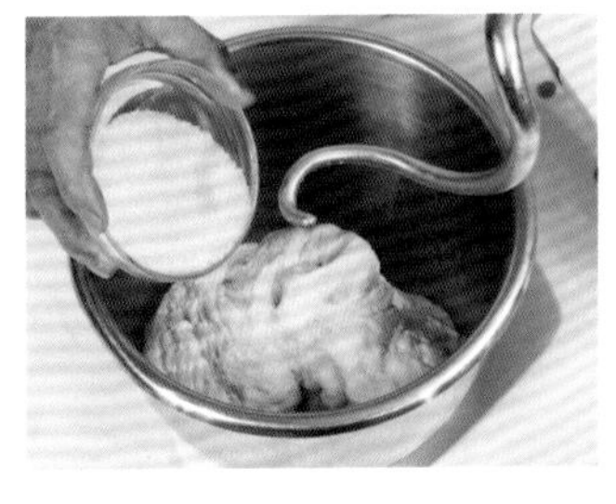

❹将种面、砂糖、适量清水快速打2~3分钟。

❺加高筋面粉、低筋面粉、改良剂，快速搅拌。

❻打至七成筋度，加入盐、奶油，拌至面团光滑。

❼发酵40分钟，温度35℃、湿度72%。

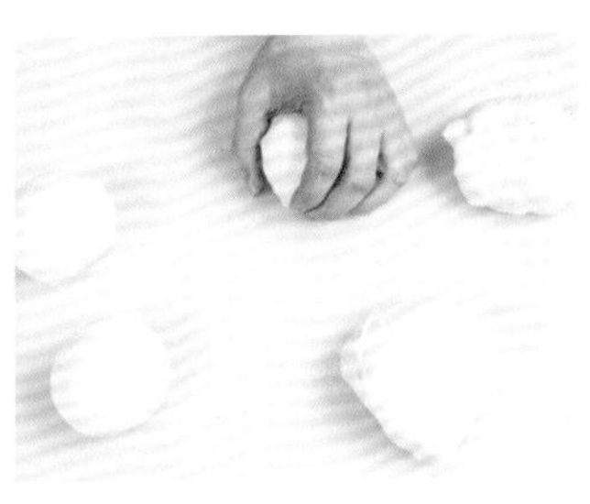

❽将发酵好的面团分割为每个120克的小面团，滚圆。

❾发酵20分钟，压扁排气，卷成橄榄形。

❿中间划 1刀，扫上清水（分量外），粘上瓜子仁。

⓫放在烤盘上松弛15分钟。

⓬松弛后的面团表面喷水，入炉烘烤，上火215℃、下火180℃，烤好出炉。

香芹培根面包

材料

面团：

甜老面 320 克，酵母 18 克，砂糖 100 克，奶油175克，高筋面粉1550克，改良剂7.5克，清水750毫升，香芹285克，低筋面粉250克，全蛋液 185 克，盐 36 克，培根丝 125 克

馅料：

砂糖 50 克，盐 2 克，味精 1 克，全蛋液 50 克，色拉油 450 毫升，白醋 12 毫升，淡奶 18 毫升

其他配料：

黑胡椒粉 10 克，培根丝 100 克，沙拉酱适量

做法

❶馅料中的砂糖、全蛋液、盐和味精倒入，拌至糖溶化，慢慢加入色拉油打发。

❷加入白醋拌匀，最后加入淡奶成馅料。

❸加入砂糖、全蛋液、清水、甜老面拌匀。

❹加高筋面粉、低筋面粉、酵母和改良剂。

❺加入奶油、盐拌至面筋完全扩展。

❻香芹、培根丝炒好，倒入面筋中拌匀。

❼松弛20分钟，分成每个70克的小面团，滚圆发酵20分钟，温度30℃、湿度70%。

❽压扁排气，卷起成形，醒发60分钟。

❾用刀在中间划 1 刀。扫上全蛋液（分量外）后放入培根丝，挤上沙拉酱，撒上黑胡椒粉。

❿入炉烘烤15分钟左右，温度为上火190℃、下火160℃，烤好后出炉。

南瓜面包

材料

种面：

高筋面粉 500 克，酵母 8 克，全蛋液 50 克，清水 250 毫升

主面：

砂糖 165 克，熟南瓜 225 克，酵母 3 克，改良剂 4 克，高筋面粉 350 克，奶粉 15 克，盐 8 克，奶油 85 克

其他配料：

起酥皮适量，全蛋液 50 克

做法

❶将高筋面粉、酵母、全蛋液、清水拌匀。

❷快速搅拌2～3分钟，发酵2.5小时成种面。

❸加砂糖、熟南瓜搅拌至糖溶化。

❹加入高筋面粉、奶粉、酵母、改良剂搅拌至五六成筋度；加入盐、奶油拌匀。

❺打至可拉出薄膜状，松弛25分钟。

❻松弛后分成每个65克的小面团，滚圆松弛20分钟。

❼再滚圆至光滑，压扁，放入圆形纸模中。

❽醒发90分钟，再扫上全蛋液。把起酥皮切成薄片，放在面团上。

❾放入烤箱，温度为上火185℃、下火165℃，烘烤13分钟即可。

制作指导

起酥皮不要太厚，以免烤不熟。

火腿乳酪丹麦面包

材料

高筋面粉170克，低筋面粉200克，砂糖185克，酵母20克，改良剂5克，蛋黄65克，鲜奶170毫升，番茄汁745毫升，盐31克，奶油125克，火腿100克，乳酪75克，片状酥油适量，沙拉酱适量，全蛋液50克

做法

❶高筋面粉、低筋面粉、砂糖、酵母、改良剂慢速拌匀。

❷加入蛋黄、鲜奶、番茄汁快速拌2分钟。

❸加入盐、奶油慢速拌至面团光滑。

❹面团压扁成长方形，然后放入冰箱冷冻30分钟以上。

❺用擀面杖擀宽，放上片状酥油，包起。

❻用擀面杖擀宽、擀长。叠3下，入冰箱冷藏30分钟。

❼擀成0.6厘米厚、2厘米宽。

❽用刀分成长条，交叉打结扭成圆形，放入圆形纸模中。

❾醒发后扫上全蛋液，放上火腿、乳酪。

❿挤上沙拉酱，放入烤箱，上火185℃、下火165℃，烤好出炉即可。

制作指导

松弛好的面团和酥油的软硬度要一致。

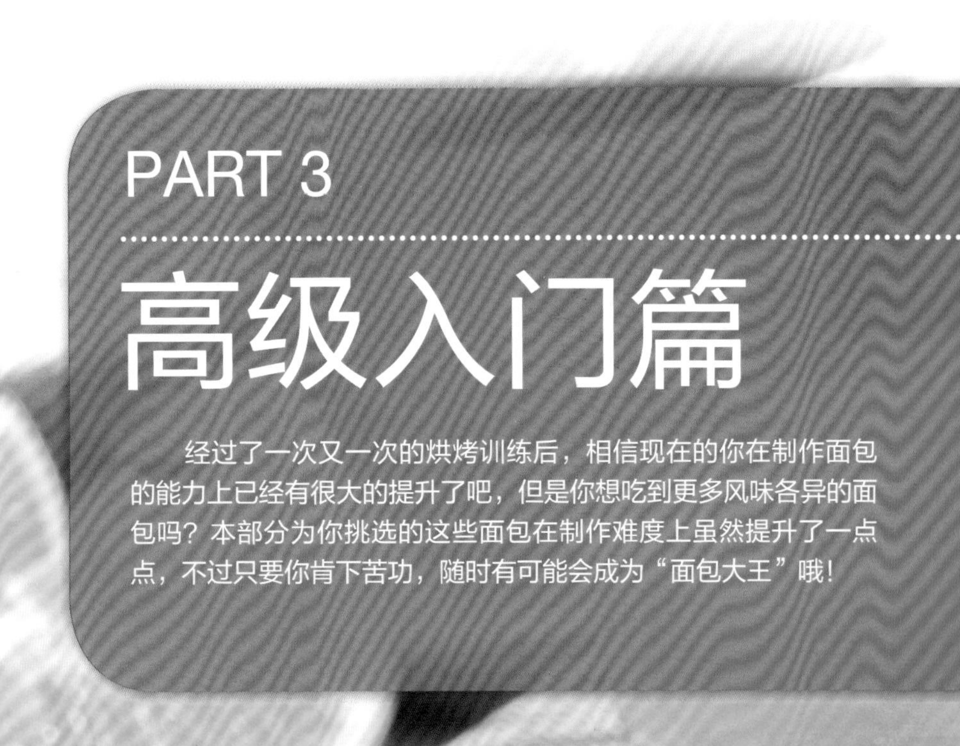

PART 3

高级入门篇

经过了一次又一次的烘烤训练后，相信现在的你在制作面包的能力上已经有很大的提升了吧，但是你想吃到更多风味各异的面包吗？本部分为你挑选的这些面包在制作难度上虽然提升了一点点，不过只要你肯下苦功，随时有可能会成为“面包大王”哦！

全麦核桃面包

材料

面粉 1500 克，全麦粉 500 克，酵母 25 克，改良剂 65 克，乙基麦芽粉 10 克，清水 1300 毫升 , 盐 44 克，核桃仁适量

制作指导

烘烤是制作面包的过程中比较关键的一步，注意入炉烘烤时，按蒸汽开关 2 ~ 8 秒。

做法

❶ 高筋面粉、全麦粉、酵母、改良剂、乙基麦芽粉拌匀。

❷ 加入清水慢速拌匀，转快速拌2分钟。

❸ 加入盐慢速拌匀，转快速拌至表面光滑。

❹ 松弛好的面团分割成每个120克的小面团。

❺ 把小面团滚圆，再松弛20分钟备用。

❻ 松弛好的小面团粘上核桃仁，滚圆，将核桃收到面团里面。

❼ 用擀面杖在面团中间戳个洞，放入发酵箱发酵90分钟，温度35℃、湿度72%。

❽ 在发酵好的面团表面划几刀，入炉烘烤，上火250℃、下火180℃，约烤25分钟。烤好即可出炉。

香橙吐司

材料

高筋面粉 1000 克，砂糖 200 克，清水 500 毫升，橙皮 3 个，酵母 12 克，全蛋液 150 克，盐 11 克，改良剂 5 克，奶油 150 克

做法

❶将高筋面粉、酵母、改良剂、砂糖拌匀；加入全蛋液和清水快速拌匀2～3分钟。

❷快速打至面团有些光滑，加入盐、奶油慢速拌匀，转快速打至光滑，最后加橙皮慢速拌匀即可。

❸盖上保鲜膜松弛约20分钟，温度30℃、湿度75%。松弛好的面团分割成每个100克的小面团。

❹面团滚圆，松弛20分钟，用擀面杖压扁排气，卷成长条形，每3个一起并排放入长方形模具中。

❺排入烤盘，入发酵箱中发酵90分钟。发至八分满，扫上全蛋液（分量外），入烤箱，上火160℃、下火220℃，烤25分钟。

制作指导

由于面包烤制时会不断地膨胀，所以一定要注意面团卷成形，放入模具时，长度要比模具短。这样才会防止面包烤熟时爆出模具。

炸香菇鸡面包

材料

种面：

高筋面粉 750 克，酵母 10 克，全蛋液 100 克

主面：

砂糖、奶油各 90 克，高筋面粉 250 克，盐 20 克，蜂蜜 20 毫升，奶粉 40 克，清水 100 毫升，改良剂 3 克

香菇鸡馅：

香菇 100 克，酱油 15 毫升，鸡肉 175 克，砂糖 10 克，玉米粉 7.5 克，盐 2 克，鸡精 3 克

其他配料：

面包糠适量

做法

❶将高筋面粉、酵母、全蛋液、清水一起搅拌2分钟，盖上保鲜膜，发酵2～3小时，温度32℃、湿度80%，即成种面。

❸先把种面、砂糖、清水、蜂蜜拌至糊状，加入高筋面粉、奶粉、改良剂拌匀。

❹拌至面团七八成筋度后加入奶油、盐慢速拌匀。转快速搅拌至面筋扩展；盖上保鲜膜松弛15分钟，温度33℃、湿度80%。

❺分割成每个60克的小面团，滚圆；将面团摆上烤盘，松弛15分钟，压扁。

❻把香菇鸡馅材料混合炒熟成馅，包入面团中，粘上面包糠。发酵后入油锅炸至金黄色即成。

卡士达面包

材料

高筋面粉 500 克，改良剂 2 克，全蛋液 50 克，奶油 60 克，低筋面粉 50 克，砂糖 105 克，酸奶 300 毫升，酵母 6 克，奶粉 15 克，盐 6 克，牛奶 150 毫升，即溶吉士粉 50 克，糖粉适量

制作指导

烘烤的温度直接影响面包的外观和口感，烤制的过程中注意观察面包的颜色，防止烤的时间太长而焦糊。

做法

❶ 高筋面粉、低筋面粉、酵母、改良剂、砂糖拌匀。

❷ 加入奶粉、全蛋液和酸奶拌匀，转快速搅拌2分钟。

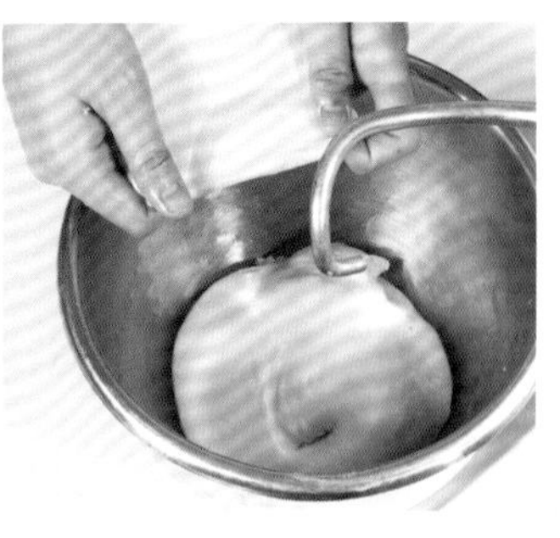

❸ 加入奶油、盐慢速拌匀，转快速搅拌至面团扩展。

❹ 盖上保鲜膜松弛25分钟，温度30℃、湿度80%。

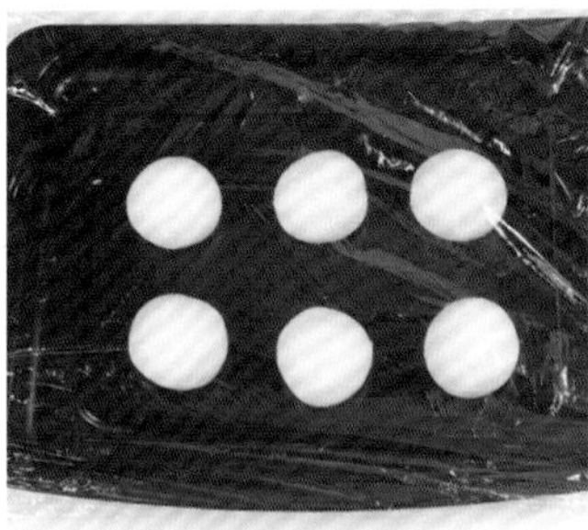

❺ 分成每个60克的小面团，滚圆，松弛20分钟。

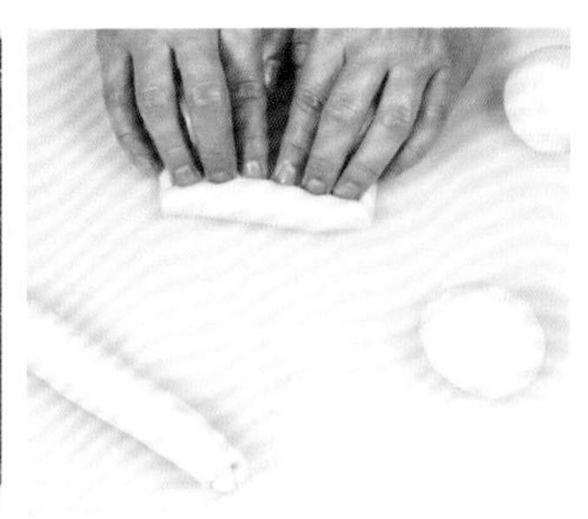

❻ 松弛好的小面团用擀面杖擀开排气，卷成长条形。

❼ 排入烤盘，放入发酵箱中，醒发85分钟，温度36℃、湿度75%。

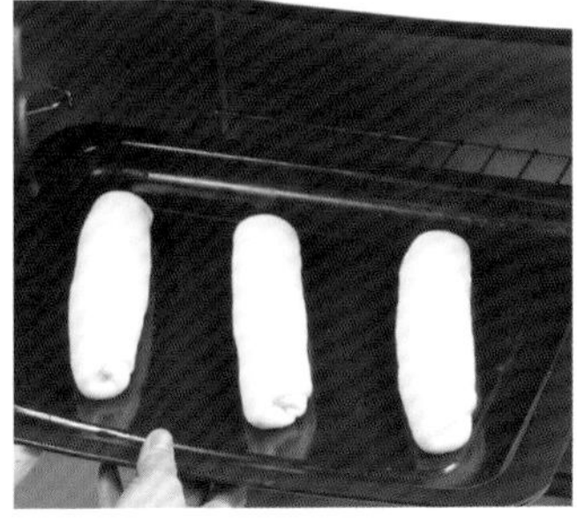

❽ 放入烤箱烘烤15分钟，温度为上火190℃、下火160℃。

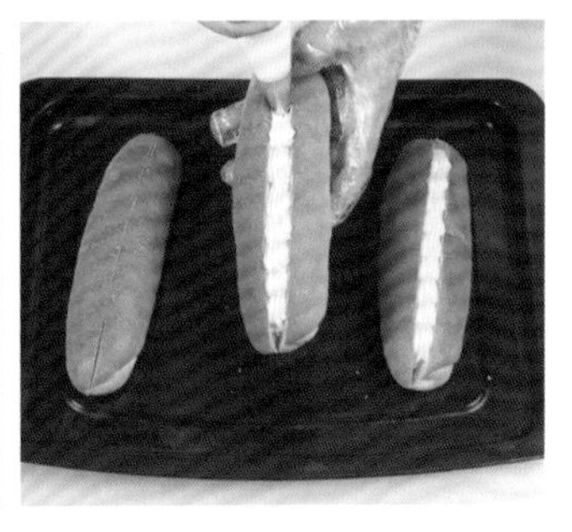

❾ 面包凉透后切开，把牛奶、吉士粉拌成卡士达馅，挤在面包上，再筛上糖粉。

蔓越莓吐司

材料

种面：

高筋面粉 700 克，酵母 12 克，全蛋液 100 克，清水 350 毫升

主面：

砂糖 190 克，炼奶 100 毫升，清水 55 毫升，高筋面粉 300 克，奶粉 30 克，盐 10 克，改良剂 3 克，奶油 110 克，蔓越莓丁 165 克

做法

❶高筋面粉、酵母、全蛋液、清水拌匀，发酵2个小时，温度30℃、湿度72%，即成种面。

❷将种面、砂糖、炼奶、清水快速搅拌2分钟，直至拌成糊状。

❸将高筋面粉、奶粉、改良剂加入，慢速拌匀，转快速拌至面团七八成筋度，加盐、奶油慢速拌匀，快速拌至面团光滑。

❹放入蔓越莓丁慢速拌匀，松弛20分钟。把松弛好的面团分割成每个250克的小面团。

❺小面团滚圆后松弛20分钟，压扁，卷成长条形，放入长方形模具中。放入发酵箱里醒发110分钟。

❻入炉烘烤，上火180℃、下火180℃，约烤50分钟，出炉后扫上全蛋液（分量外）。

制作指导

面团卷成形，放入模具时，长度要比模具短。这样面包烤熟时才不会爆出模具。

维也纳苹果面包

材料

苹果馅：

苹果丁 300 克，奶油 25 克，清水 45 毫升，砂糖 35 克，玉米淀粉 20 克

面团：

高筋面粉 2000 克，砂糖 385 克，淡奶 100 毫升，鲜奶油 50 克，酵母 23 克，蜂蜜 50 毫升，奶香粉 12 克，盐 20 克，改良剂 7 克，全蛋液 200 克，清水 1000 毫升，奶油 210 克

其他配料：

杏仁片适量

做法

❶把苹果丁、砂糖、奶油倒入面盘中煮开，加玉米淀粉和清水煮至糊状即成苹果馅。

❷将高筋面粉、酵母、改良剂、奶香粉和砂糖、全蛋液、淡奶、蜂蜜和水拌匀。

❸加入鲜奶油、盐和奶油拌至面筋扩展，松弛25分钟，保持温度30℃、湿度80%。

❹将松弛好的面团切成每个100克的小面团，滚圆后松弛20分钟，用擀面杖擀开排气。

❺放上苹果馅，揉成圆形，将球形模具放在面团中间，再将面团放入扁圆形纸模中，进发酵箱醒发80分钟，温度37℃、湿度78%。

❻将醒发好的面团扫上全蛋液（分量外），撒上杏仁片，入炉烘烤16分钟，上火180℃、下火190℃。取出筛上糖粉即可。

法式大蒜面包

材料

高筋面粉1350克，甜老面450克，改良剂4.5克，盐43克，低筋面粉250克，酵母23克，清水1250毫升，奶油100克，蒜蓉35克

制作指导

注意烘烤面包的时候要控制好温度，稍微上色，可在面包烤制中途调低上火，这样烤出的面包色泽更加漂亮。

做法

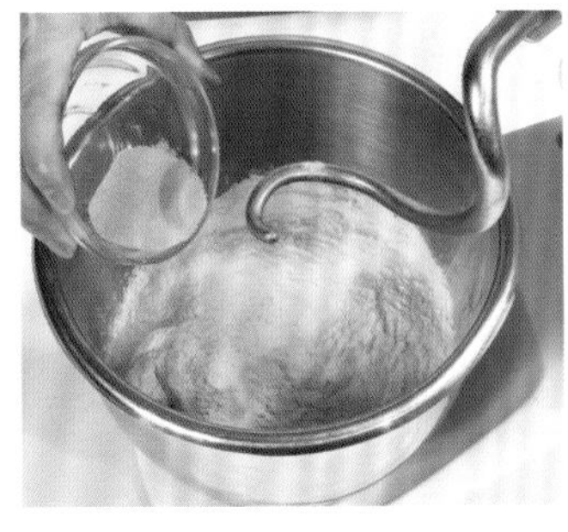

❶高筋面粉、低筋面粉、甜老面、酵母、改良剂、水混合拌匀。

❷加入41克盐慢速拌1分钟，转快速搅拌至面筋扩展。

❸基本发酵30分钟，温度28℃、湿度75%。

❹把面团分成每个130克的小面团，再压扁排气。

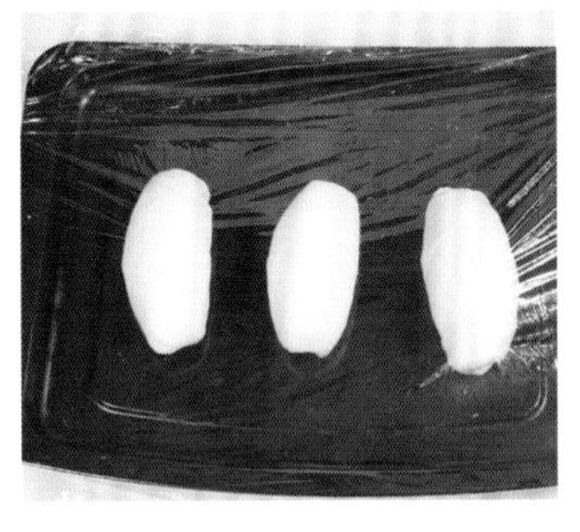

❺卷起后松弛25分钟。

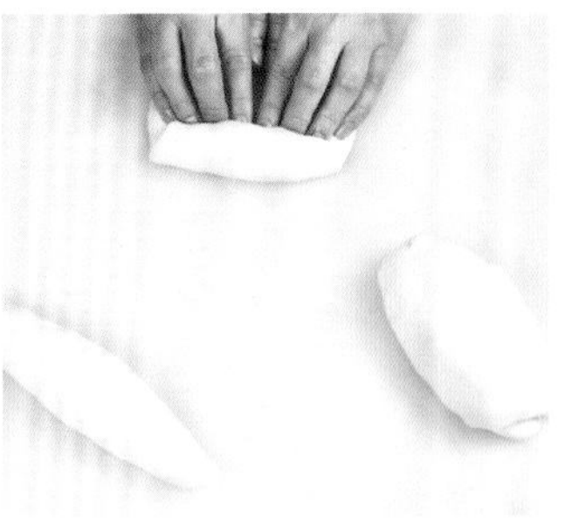

❻把松弛好的小面团压扁排气，卷成橄榄形。

❼排入烤盘后进发酵箱，醒发90分钟，温度35℃、湿度75%。

❽将奶油、蒜蓉、2克盐拌匀即成蒜蓉馅。

❾面团中间划1刀，挤上蒜蓉馅，喷水入炉烘烤25分钟，上火235℃、下火180℃。

蝴蝶丹麦面包

材料

高筋面粉 1250 克，低筋面粉 450 克，砂糖 200 克，全蛋液 250 克，纯牛奶 210 毫升，冰水 455 毫升，酵母 18 克，改良剂 5 克，盐 22 克，奶油 175 克，片状酥油适量

做法

1. 高筋面粉、低筋面粉、砂糖、酵母、改良剂慢速拌匀，加入200克全蛋液、纯牛奶、冰水拌匀。
2. 加入盐、奶油慢速拌匀后，转快速打2分钟，用手压扁成长方形，用保鲜膜包好，放入冰箱中冷冻30分钟，用擀面杖擀宽擀长，放上片状酥油。
3. 包好，并捏紧收口，用擀面杖擀宽、擀长，叠3下，入冰箱中冷藏30分钟以上。如此重复3次，擀开成0.6厘米厚，扫上剩余全蛋液，从一边卷到另一边，成卷，入冰箱冷冻至硬。
4. 切成等份，粘上砂糖，将2个面团一起放入圆形纸筒模中。
5. 醒发60分钟，入炉烘烤15分钟，上火185℃、下火165℃，烤好即可出炉。

制作指导

切开立即粘上糖，否则风干之后很难粘上，如果无法粘上可以先刷上少许的蜂蜜，注意不要刷太多，薄薄一层即可。

洋葱培根面包

材料

面团：

高筋面粉500克，改良剂3克，清水300毫升，干洋葱50克，低筋面粉50克，砂糖45克，盐12克，炸洋葱15克，酵母6克，全蛋液50克，奶油60克

沙拉酱：

砂糖50克，全蛋液50克，盐、味精各2克，色拉油500毫升，白醋、淡奶各20毫升

其他配料：

培根肉、沙拉酱各适量

做法

❶ 砂糖、全蛋液、盐、味精中速拌匀，再加入色拉油、白醋、淡奶拌匀即成沙拉酱。

❷ 高筋面粉、低筋面粉、酵母、改良剂、砂糖、全蛋液、清水拌至面筋扩展，加入奶油、盐搅拌至面团完全扩展，加入干洋葱、部分炸洋葱拌匀，松弛30分钟。

❸ 将发酵好的面团分成每个65克的小面团，滚圆，盖上保鲜膜，再次松弛20分钟，压扁排气。

❹ 放上培根肉，卷成形，排入烤盘，放入发酵箱醒发30分钟，温度35℃、湿度75%。

❺ 醒发后划几刀，扫上全蛋液（分量外），撒上炸洋葱丝，挤上沙拉酱，入炉烘烤15分钟，温度为上火185℃、下火175℃。

牛油排面包

材料

砂糖 220 克，全蛋液 75 克，蛋黄 50 克，清水 550 毫升，高筋面粉 900 克，低筋面粉 100 克，酵母 15 克，改良剂 35 克，奶粉 40 克，奶香粉 4 克，盐 11 克，牛油 135 克

制作指导

牛油面包的颜色为金黄效果最好，所以注意烤制的颜色不要太深，可以随时观察面包，注意调节温度。

做法

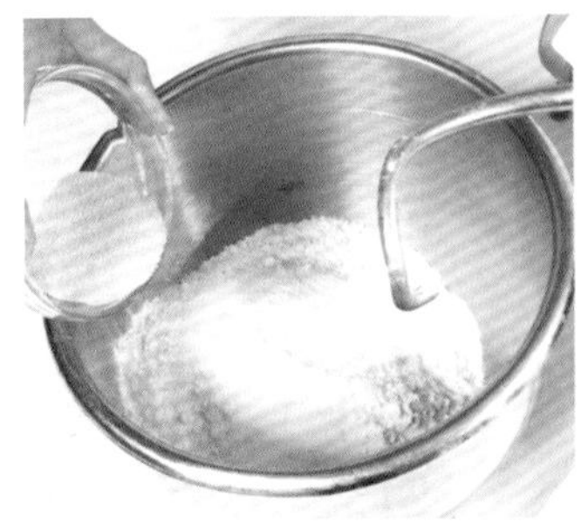

❶高筋面粉、低筋面粉、酵母、改良剂、奶香粉拌匀。

❷加蛋黄、砂糖、全蛋液、奶粉、水拌至起筋。

❸加入牛油、盐慢速拌匀，转快速搅拌至可拉出薄膜状。

❹覆保鲜膜基本发酵20分钟，温度30℃、湿度70%。

❺把面团分成每个40克的小面团，再把面团滚圆。

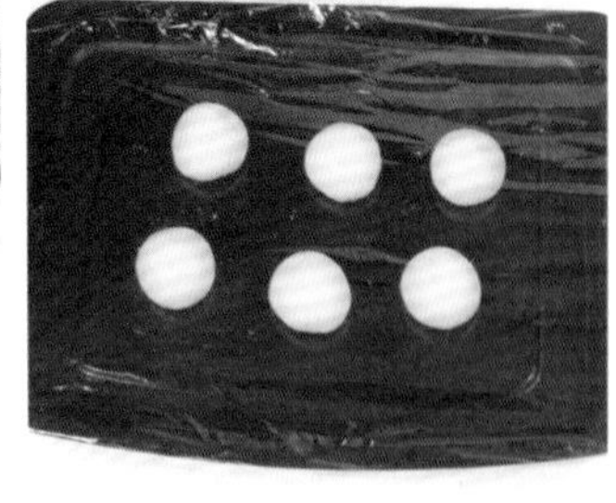

❻松弛大约15分钟，温度30℃、湿度70%~80%。

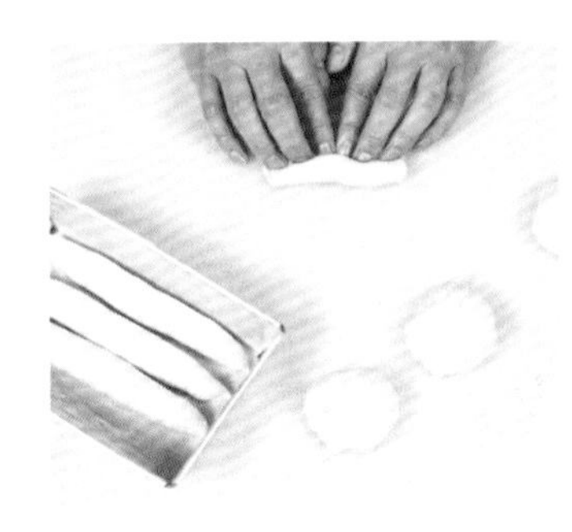

❼用擀面杖压扁排气，卷成形，放入长方形模具内。

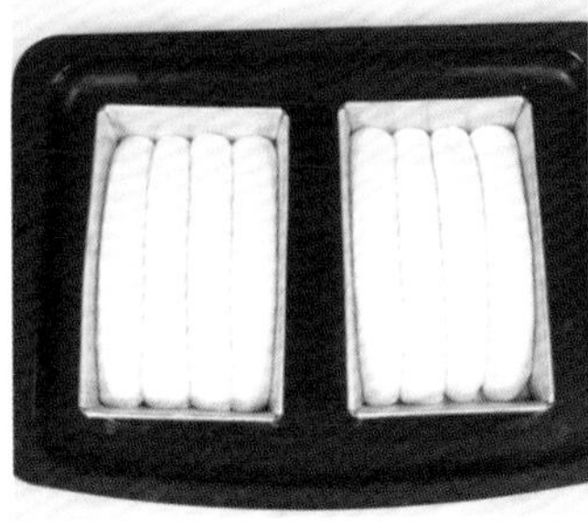

❽醒发90分钟，温度38℃、湿度75%。

❾入炉烘烤，上火180℃、下火200℃，烤18分钟，出炉后扫上全蛋液（分量外）。

番茄牛角面包

材料

高筋面粉 850 克，低筋面粉 100 克，砂糖 100 克，酵母 13 克，改良剂 3.5 克，蛋黄 35 克，鲜奶 85 毫升，番茄汁 365 毫升，盐 16 克，奶油 65 克，片状酥油 250 克，全蛋液适量

做法

❶ 高筋面粉、低筋面粉、砂糖、酵母、改良剂拌匀。

❷ 加入蛋黄、鲜奶和番茄汁慢速拌匀，转快速搅拌3分钟，加入盐和奶油慢速拌匀，快速搅拌至面团光滑即可。

❸ 用手压成长方形，再用保鲜膜包好，放入冰箱中冷冻40分钟取出，擀开；放上片状酥油，包好，擀开呈长方形，叠3折，入冰箱中冷藏，如此操作3次即可。

❹ 擀约12厘米，斜角切开，中间划开，呈等腰三角形，稍微拉长面团，卷起成形，排好入发酵箱醒发60分钟。

❺ 醒发好的面团扫上全蛋液，入炉烘烤16分钟，上火195℃、下火160℃，烤好即可。

制作指导

由于面团拉长时会很薄，所以注意卷成形时要卷松一点。这样烤熟后的面包会完全地膨松起来，味道和造型会更好。

全麦乳酪面包

材料

高筋面粉1300克，改良剂5克，乙基麦芽粉5.5克，清水825毫升，全麦粉370克，即溶吉士粉65克，砂糖55克，盐33克，酵母19克，奶油100克，乳酪片40克，杏仁片18克

做法

❶ 把高筋面粉、全麦粉、酵母、改良剂、砂糖、即溶吉士粉、乙基麦芽粉、清水快速拌至七八成筋度，加奶油、盐拌匀，待面筋扩展后松弛20分钟。

❷ 面团分成每个85克的小面团，滚圆至光滑，覆保鲜膜，发酵20分钟，温度30℃、湿度75%。

❸ 松弛好的小面团用手掌压扁排气，放上乳酪片，卷成橄榄形醒发90分钟。

❹ 将醒发好的面团用刀在表面划3刀，扫上全蛋液（材料外），撒上杏仁片。

❺ 入炉烘烤15分钟左右，温度为上火180℃、下火160℃。

制作指导

注意在划刀时不要划得太深，划见乳酪即可。不然面包烤熟时会整个裂开，影响面包的整体美观度，还会口感不佳。

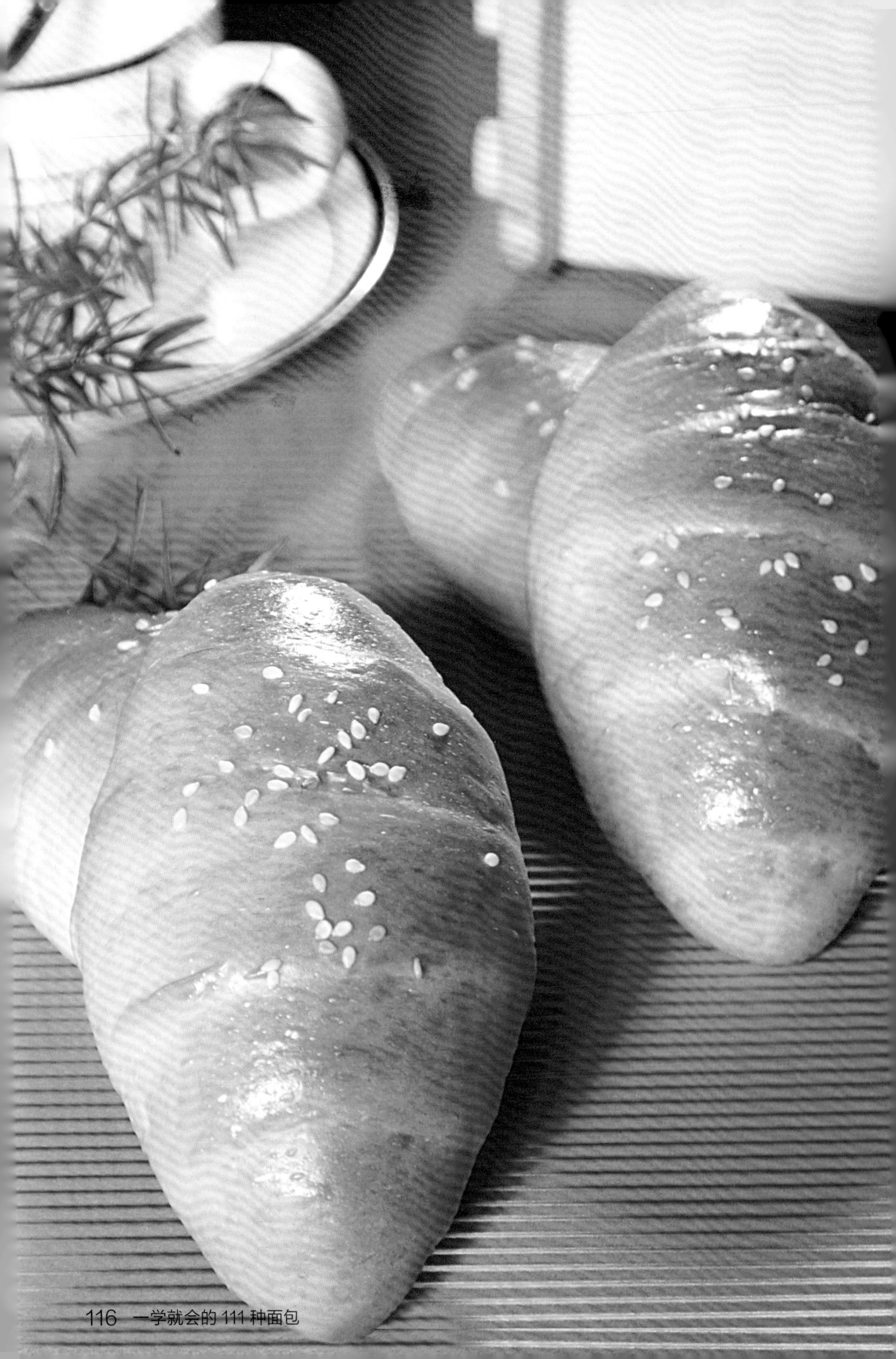

牛油小布利

材料

高筋面粉 450 克，低筋面粉 50 克，酵母 6 克，改良剂 2 克，奶粉 25 克，奶香粉 2.5 克，砂糖 115 克，全蛋液 50 克，蛋黄 20 克，水 245 毫升，盐 6 克，奶油适量，黄牛油 65 克，白芝麻适量

制作指导

给面包做整形时，注意不要卷得太紧，否则烤制时面团无法完全地膨松开来，不仅影响外观还会影响到面包的口感。

做法

❶ 高筋面粉、低筋面粉、酵母、改良剂、奶香粉拌匀。

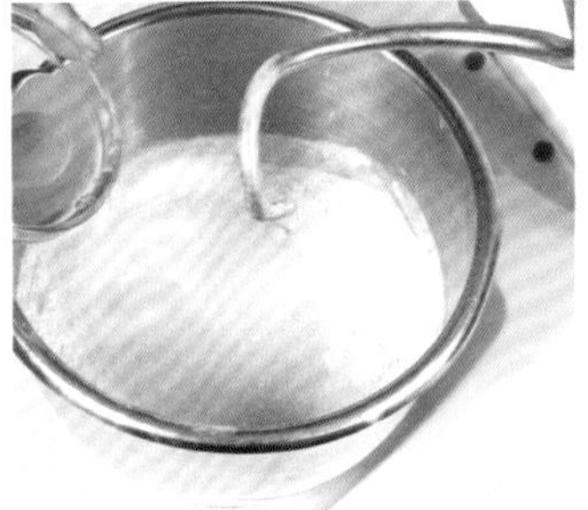

❷ 加全蛋液、奶粉、砂糖、蛋黄、水拌匀，搅拌3分钟。

❸ 加黄牛油与盐，搅拌至可拉出均匀薄膜状即可。

❹ 覆保鲜膜松弛23分钟。分割成每个40克的小面团。

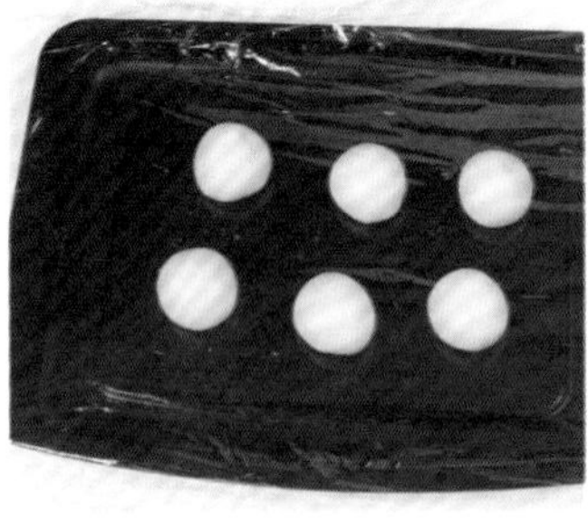

❺ 滚圆后，盖上保鲜膜松弛15分钟。

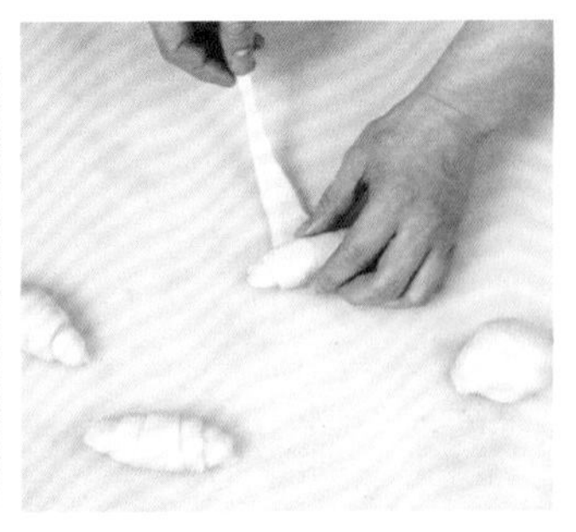

❻ 将面团搓成长形，擀开排气，拉长后卷成梭子形。

❼ 排入烤盘，进发酵箱，最后醒发65分钟，温度36℃、湿度85%。

❽ 扫上全蛋液（分量外）和黄牛油（分量外），再撒上白芝麻。

❾ 放进烤箱烘烤约10分钟，上火190℃、下火160℃。

酸乳酪面包

材料

面团：

高筋面粉950克，改良剂3.5克，全蛋液100克，奶油115克，低筋面粉150克，砂糖200克，酸奶625毫升，酵母12克，奶粉40克，盐12克

乳酪克林姆馅：

全蛋液25克，砂糖75克，鲜奶300毫升，玉米淀粉20克，奶粉20克，奶油20克，奶油干酪100克

做法

1. 鲜奶、全蛋液、砂糖、玉米淀粉、奶粉煮到凝固，加奶油和奶油干酪拌成乳酪克林姆馅。
2. 高筋面粉、低筋面粉、酵母、改良剂、砂糖和奶粉、全蛋液、酸奶、奶油、盐打至可拉出薄膜状，发酵20分钟。
3. 面团分成每个65克的小面团，滚圆，放上烤盘，入发酵箱发酵20分钟。
4. 发酵好的面团再次滚圆搓紧，放入杯形模具中，入发酵箱发酵90分钟，温度38℃、湿度78%，醒发至模具九分满，在表面浅划几刀。
5. 放入烤箱烘烤13分钟，上火185℃、下火200℃，从中间划开，挤上乳酪克淋姆馅，表面筛上糖粉（材料外）即可。

制作指导

切面包时要完全凉透再切，不然容易变形。

茄司面包

材料

高筋面粉750克，奶粉15克，番茄汁400毫升，酵母10克，砂糖145克，盐8克，改良剂4克，蛋黄50克，奶油80克，全蛋液150克，番茄片适量，番茄酱适量

做法

❶ 把高筋面粉、酵母、改良剂、砂糖、奶粉拌匀，加入蛋黄、番茄汁拌至七八成筋度，加入奶油、盐慢速拌匀，转快速拌至面团光滑，直至可以扩展成薄膜状。

❷ 盖上保鲜膜，温度30℃、湿度80%，松弛20分钟；面团分成每个70克的小面团，滚圆面团，覆保鲜膜，松弛15分钟，压扁排气，卷成长条形，放入长方形纸盒模具里，醒发90分钟。

❸ 扫上全蛋液，在中间划1刀，放上番茄片，挤上番茄酱。

❹ 入炉烘烤15分钟左右，温度为上火190℃、下火165℃。

制作指导

注意放番茄片时，要待蛋液完全干了才可以。中间的划刀也要注意控制好力度，不要划的太深。

甘笋吐司

材料

高筋面粉 750 克，酵母 10 克，改良剂 3 克，砂糖 140 克，奶粉 30 克，全蛋液 100 克，胡萝卜汁 400 毫升，盐 8 克，奶油 85 克

制作指导

入炉时注意在面团上喷上少许的水，这样烤制出来的面包色泽会更加漂亮，口感也会更加的松软可口。

做法

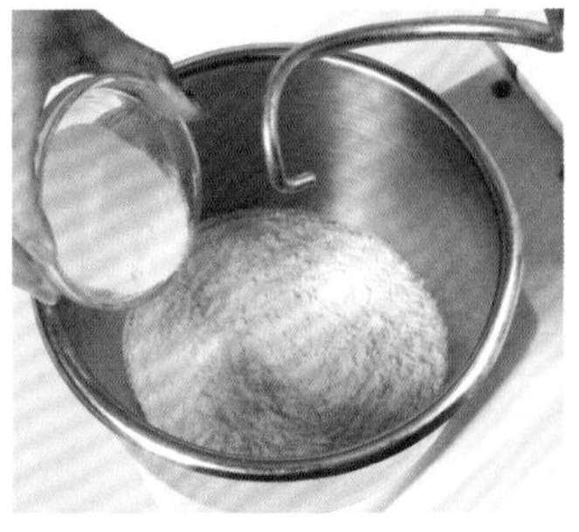

❶ 把高筋面粉、酵母、改良剂、砂糖和奶粉拌匀。

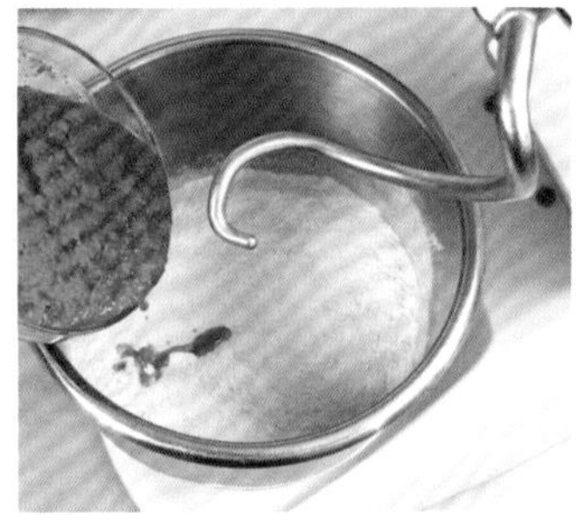

❷ 加入全蛋液和胡萝卜汁慢速拌匀，转快速拌2分钟。

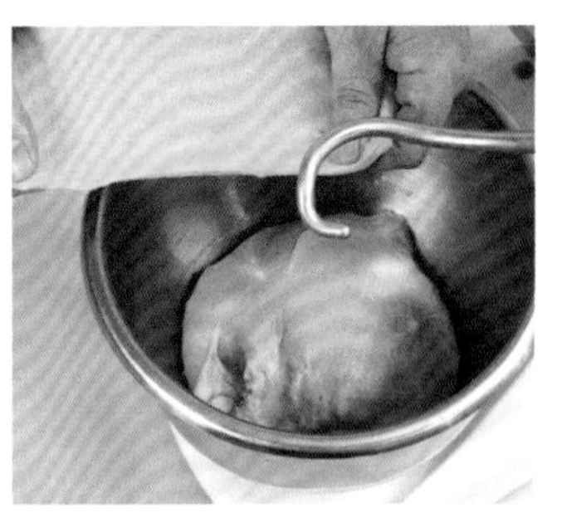

❸ 加入奶油和盐慢速拌匀，再快速搅拌至可拉出薄膜状。

❹ 松弛25分钟，温度30℃、湿度78%。

❺ 把松弛好的面团分割成每个150克的小面团。

❻ 把面团滚圆，接着松弛20分钟。

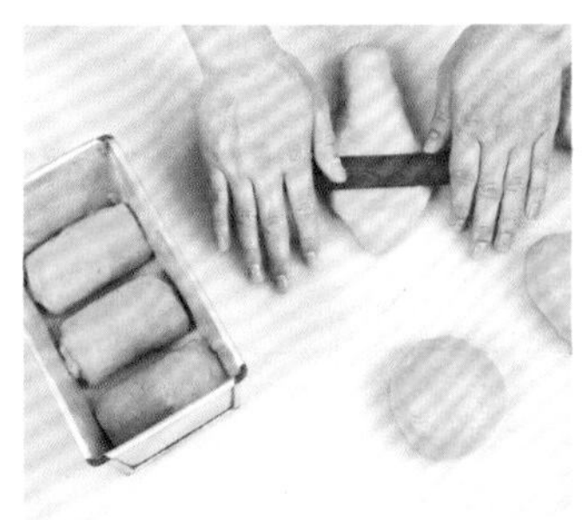

❼ 松弛好的面团用擀面杖擀开排气，卷成形放入模具。

❽ 放入发酵箱醒发95分钟，温度36℃、湿度85%。

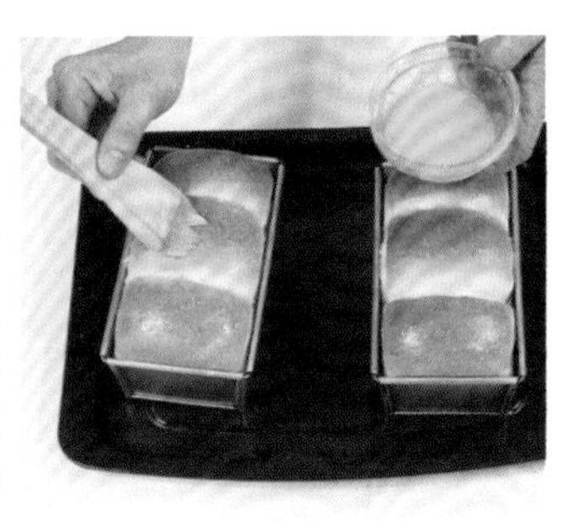

❾ 入烤炉温度为上火165℃、下火185℃烘烤，取出立刻扫上全蛋液（分量外）。

乳酪火腿面包

材料

种面：

高筋面粉 700 克，酵母 10 克，清水 360 毫升

主面：

砂糖 185 克，高筋面粉 300 克，盐 10 克，全蛋液 110 克，奶香粉 5 克，鲜奶油 30 克，清水 500 毫升，改良剂 3 克，奶油 100 克

其他配料：

乳酪条适量，火腿适量

做法

1. 先把高筋面粉、酵母、清水慢速拌匀，再快速拌2分钟，发酵2小时成种面。
2. 将种面、砂糖、全蛋液、清水快速拌2～3分钟，加入高筋面粉、奶香粉、改良剂慢速拌匀，转快速打至五六成筋度。
3. 加入奶油、鲜奶油、盐慢速拌匀后转快速搅拌至面筋扩展，发酵20分钟；分成每个50克的小面团，滚圆，松弛20分钟，压扁排气，放入火腿，卷成形。
4. 在小面团上剪 1 刀，放入正方形模具中，入发酵箱发酵90分钟，温度38℃、湿度78%，发至模具九分满时，扫上全蛋液（分量外），放上乳酪条，入炉烘烤，上火185℃、下火170℃。

制作指导

乳酪条不要放太多，不然面包会下塌。

草莓夹心面包

材料

面团：

高筋面粉 1250 克，改良剂 3 克，全蛋液 120 克，奶油 250 克，砂糖 240 克，清水 650 毫升，酵母、盐、奶粉各 15 克，奶香粉 5 克

菠萝皮：

奶油 300 克，奶香粉 3 克，糖粉 250 克，低筋面粉适量，全蛋液 100 克

其他配料：

草莓馅适量，椰蓉适量

做法

❶将高筋面粉、酵母、改良剂、奶粉、奶香粉、砂糖、全蛋液、清水快速搅拌1分钟，加入奶油、盐快速搅拌至能拉成薄膜状；基本发酵20分钟，温度33℃、湿度75%。

❷把面团分成每个65克的小面团，滚圆松弛20分钟。

❸将菠萝皮中的所有材料混合拌匀，揉成菠萝皮，再分成小段。

❹压扁排气，将菠萝皮放在面团表面。

❺排入烤盘，常温下醒发15分钟，入炉烘烤15分钟左右，温度为上火185℃、下火160℃。

❻烤好后出炉，待凉以后从中间切开，挤上草莓馅，撒上椰蓉即成。

奶油香酥面包

材料

主面：

高筋面粉1250克，奶香粉8克，鲜奶650毫升，酵母13克，砂糖265克，盐12.5克，改良剂5克，全蛋液150克，奶油130克

香酥粒：

奶油95克，砂糖65克，高筋面粉50克，低筋面粉115克

其他配料：

鲜奶油适量，糖粉适量

做法

1. 将奶油、砂糖、高筋面粉、低筋面粉拌匀，用手搓成香酥粒；将高筋面粉、酵母、改良剂、砂糖、奶粉、全蛋液、鲜奶快速搅拌2～3分钟；加入奶油、盐慢速拌匀，转快速拌至面筋扩展。
2. 盖上保鲜膜，发酵20分钟，温度33℃、湿度72%，把面团均匀地分成小面团，再滚圆，松弛20分钟；把松弛好的面团蘸水，粘上香酥粒，放入模具中，入发酵箱发酵，温度36℃、湿度82%。
3. 入炉烘烤13分钟，温度为上火185℃、下火165℃，烤好出炉，对半切开，挤上鲜奶油，筛上糖粉即可。

制作指导

面包完全凉透才可以切开。

奶油椰子面包

材料

椰子馅：

砂糖 250 克，奶油 250 克，全蛋液 85 克，奶粉 85 克，低筋面粉 50 克，椰蓉 400 克

面团：

高筋面粉 500 克，酵母 5 克，全蛋液 50 克，盐 5 克，砂糖 95 克，改良剂 2 克，清水 255 毫升，淡奶 25 毫升，蜂蜜 20 毫升，奶香粉 2.5 克，鲜奶油 10 克，奶油 60 克，瓜子仁适量

做法

❶砂糖、奶油搅拌均匀，加入全蛋液充分拌匀，加入低筋面粉、奶粉、椰蓉拌匀，即成椰子馅；高筋面粉、酵母、改良剂、砂糖和奶香粉放入搅拌桶中慢速拌匀，加入全蛋液、清水、蜂蜜、淡奶拌匀，加入奶油、盐、鲜奶油慢速拌匀，转快速拌至可拉出薄膜状即可。

❷松弛后将面团分成每个65克的小面团，滚圆，常温下松弛20分钟。

❸擀扁排气，放上椰子馅，卷成长条形，发酵90分钟。

❹面团用刀划 3 刀，扫上全蛋液（分量外），挤上奶油，撒上瓜子仁，入炉烘烤熟，温度为上火185℃、下火165℃。

乳酪苹果面包

材料

高筋面粉750克，低筋面粉100克，酵母10克，改良剂4克，砂糖150克，全蛋液75克，蜂蜜30毫升，清水400毫升，盐8克，奶油90克，苹果丁300克，瓜子仁100克，乳酪、糖粉各适量

制作指导

整形时要把面团滚圆至紧和光滑，这样烤熟后的面包才更加美观，口感也更加好。

做法

❶将高筋面粉、低筋面粉、酵母、改良剂慢速拌匀。

❷加全蛋液、砂糖、蜂蜜和清水拌匀，搅拌2分钟。

❸加入奶油与盐慢速拌匀后，快速搅拌至面筋完全扩展。

❹加入苹果丁慢速拌匀，盖上保鲜膜松弛20分钟。

❺分割成每个65克的小面团，覆保鲜膜松弛20分钟。

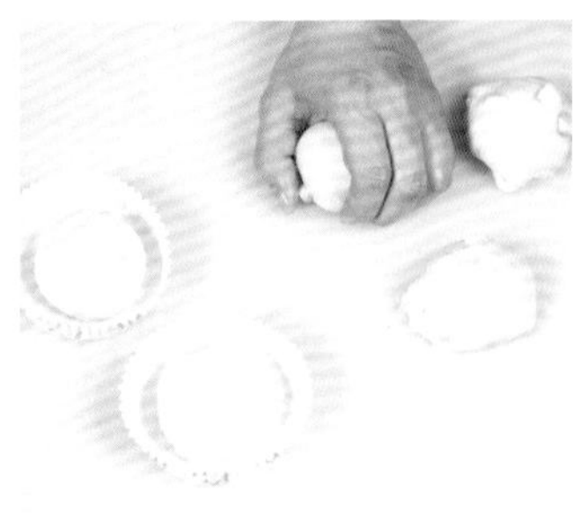

❻小面团放入圆形纸模中，入发酵箱，醒发75分钟。

❼扫上全蛋液（分量外），撒上瓜子仁。

❽入炉烘烤，上火185℃、下火165℃，时间15分钟。

❾烤至金黄色时出炉。待面包凉后，在中间切开，挤上乳酪，筛上糖粉。

法式芝麻棒

材料

种面：

高筋面粉 850 克，酵母 15 克，清水 450 毫升

主面：

砂糖 35 克，高筋面粉 200 克，低筋面粉 200 克，奶油 30 克，清水 165 毫升，改良剂 3 克，盐 26 克

其他配料：

黑芝麻、白芝麻、黄牛油各适量

做法

1. 高筋面粉、酵母、清水拌匀，快速打2～3分钟，盖上保鲜膜，发酵150分钟成种面。
2. 将种面、砂糖、清水快速搅拌至糖溶化；加入高筋面粉、低筋面粉、改良剂拌匀后转快速打至面团六七成筋度；加入奶油、盐，慢速拌匀，再转快速打至面团光滑，盖上保鲜膜，发酵30分钟，温度30℃、湿度70%。
3. 将发酵好的面团分成每个120克的小面团，滚圆，松弛20分钟，擀开排气，卷成形，搓成长条；粘上黑芝麻、白芝麻，排上烤盘，入发酵箱发酵90分钟，温度36℃、湿度78%。
4. 在面团上划上几刀，挤上黄牛油，喷少许水，入炉烘烤30分钟左右，上火220℃、下火165℃。

麻糖花面包

材料

种面：

高筋面粉1750克，全蛋液200克，酵母22克，清水900毫升

主面：

砂糖200克，高筋面粉750克，盐50克，清水320毫升，奶粉85克，奶油250克，蜂蜜35毫升，改良剂6克，蛋糕油适量

做法

❶ 高筋面粉、酵母拌匀，倒入全蛋液、清水拌匀后转快速，打3分钟发酵2小时，温度30℃、湿度70%，即成种面。

❷ 将发酵好的种面、砂糖、清水、蜂蜜快速打2分钟；把高筋面粉、奶粉、改良剂倒入快速搅拌至表面光滑，倒入蛋糕油、奶油、盐拌匀，快速打至面筋扩展，盖上保鲜膜，发酵20分钟，温度32℃、湿度70%。

❸ 发酵好的面团分割为每个60克的小面团，滚圆，松弛20分钟，压扁排气，搓成长条状，两条交叉拧成麻花状，成形收口，放入烤盘，常温下发酵80分钟。

❹ 发酵好的面团放进165℃的油里，炸成金黄色，捞起粘上砂糖，即成。

制作指导

注意在面包整形的时，要把面团尾部收紧。

腰果全麦面包

材料

高筋面粉 750 克，全麦粉 250 克，酵母 13 克，改良剂 2.5 克，乙基麦芽粉 5 克，清水 625 毫升，盐 22 克，腰果仁适量

制作指导

注意进烤箱之前给面团喷水时要控制量，稍稍加湿即可，太湿的话会影响烘烤效果。

做法

❶ 高筋面粉、全麦粉、酵母、改良剂和乙基麦芽粉拌匀。

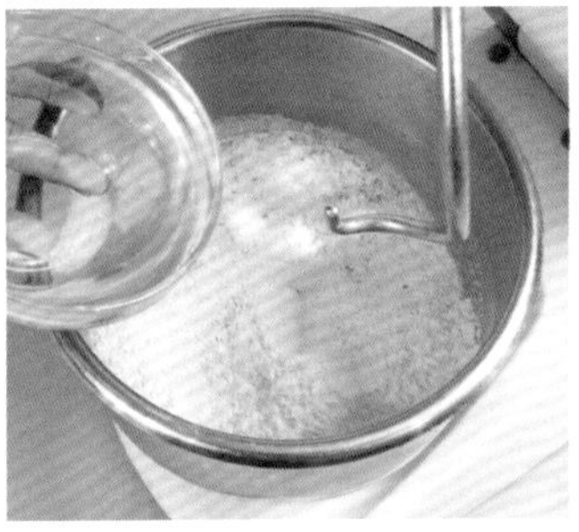

❷ 加入清水慢速充分搅拌均匀，转快速拌2分钟。

❸ 加入盐慢速拌匀，转快速搅拌至面筋扩展。

❹ 基本发酵30分钟，温度30℃、湿度75%。

❺ 发酵好的面团分割成每个100克的小面团。

❻ 滚圆后再松弛20分钟，压扁排气。

❼ 放上腰果仁，卷起成形。

❽ 用刀在表面划3刀，排好进入发酵箱醒发75分钟，温度36℃、湿度80%。

❾ 入炉前喷水，温度为上火250℃、下火180℃烤约25分钟即可出炉。

毛毛虫面包

材料

面团：

高筋面粉 1750 克，全蛋液 165 克，奶油 175 克，酵母 20 克，奶香粉 8 克，改良剂 5 克，糖 90 克，盐 35 克，清水 875 毫升

泡芙糊：

奶油 75 克，清水 125 毫升，全蛋液 100 克，液态酥油 65 毫升，高筋面粉 75 克

奶露馅：

鲜奶油 50 克，奶粉 45 克，白奶油 100 克，奶油 50 克，糖粉 65 克

做法

1. 奶油、清水、液态酥油加热拌匀，煮开倒入高筋面粉搅拌，倒入全蛋液拌成泡芙糊。
2. 将鲜奶油、白奶油搅拌，加入糖粉、奶粉、鲜奶油拌匀，即制成奶露馅备用。
3. 高筋面粉、酵母、改良剂、奶香粉、糖、全蛋液和水打至面团光滑，加入奶油、盐打至可拉出薄膜状；松弛20分钟，分割成每个85克的小面团，滚圆松弛25分钟。
4. 压扁排气，卷成长条形，放上烤盘，入发酵箱中，发酵90分钟，温度30℃、湿度70%。
5. 发酵好的面团挤上泡芙糊，入烤炉烤13分钟，温度为上火185℃、下火165℃，用刀从中间切开，挤入奶露陷。

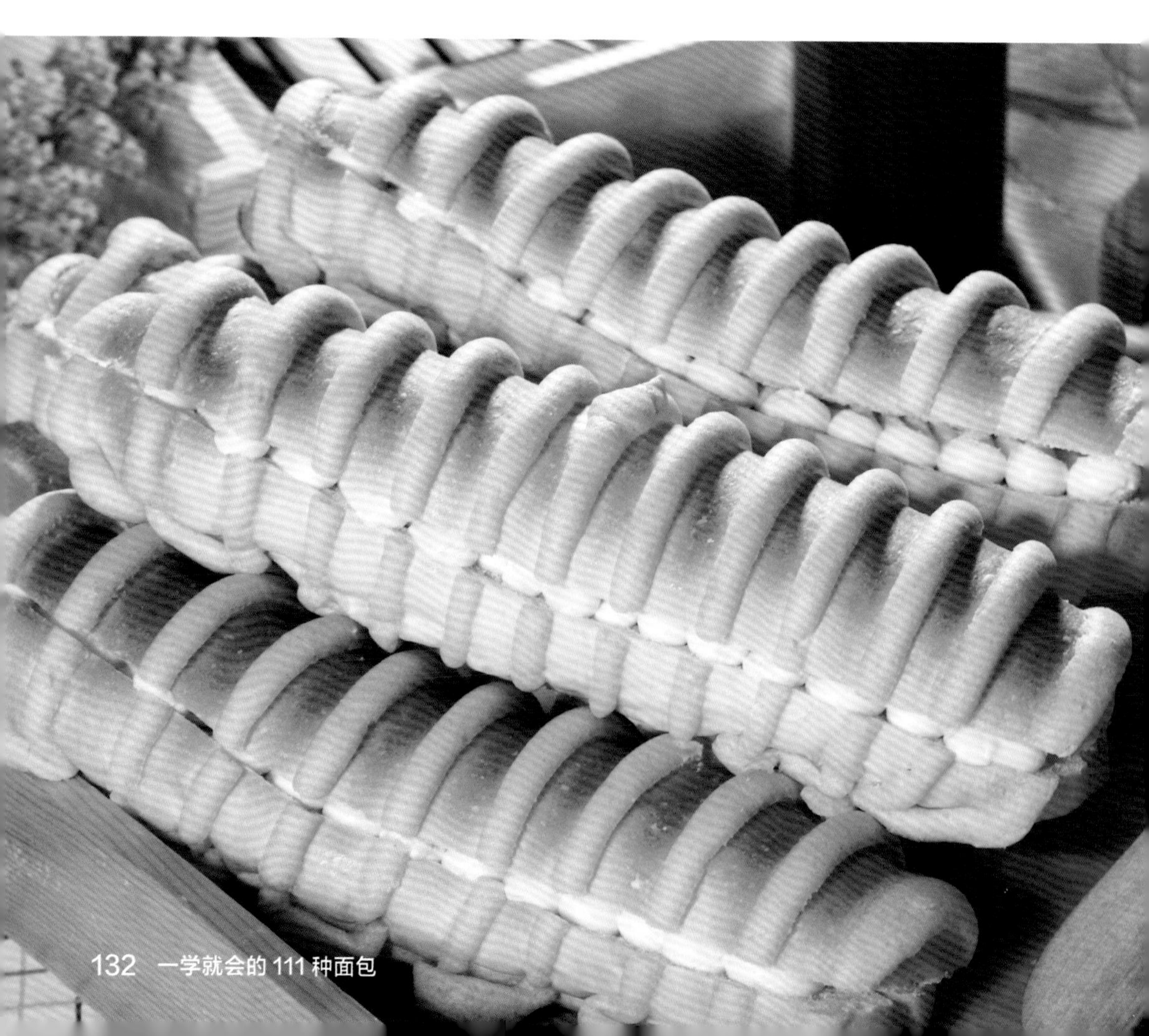

南瓜乳酪面包

材料

种面：

高筋面粉 750 克，酵母 8 克，全蛋液 65 克，清水 365 毫升

主面：

砂糖 210 克，改良剂 5 克，盐 12 克，熟南瓜 275 克，高筋面粉 350 克，奶油 120 克，酵母 4 克，奶粉 20 克

其他配料：

乳酪片适量，香酥粒 30 克

做法

1. 高筋面粉、酵母慢速拌匀，加全蛋液、清水拌匀，快速搅拌2～3分钟，盖上保鲜膜，发酵2小时，温度30℃、湿度71%成种面。
2. 将种面、砂糖、熟南瓜搅拌至砂糖溶化。
3. 加入高筋面粉、奶粉、酵母、改良剂慢速搅拌，转快速搅拌2～3分钟，加入盐、奶油搅拌均匀，快速拌至呈薄膜状，覆保鲜膜，松弛20分钟，温度30℃、湿度70%。
4. 面团分成每个60克的小面团，滚圆，松弛20分钟，压扁排气，放上乳酪片，卷成长条，发酵30分钟，温度38℃、湿度70%。
5. 发好后，在表面划几刀，扫上全蛋液（分量外），撒上香酥粒，入炉烘烤15分钟，温度为上火185℃、下火165℃。

玉米沙拉面包

材料

高筋面粉 1250 克，砂糖 235 克，淡奶、蜂蜜各 60 毫升，鲜奶油 25 克，酵母、盐各 15 克，奶香粉、改良剂各 5 克，全蛋液、奶油各 130 克，清水 630 毫升，玉米粒、沙拉酱各适量

制作指导

这款面包以金黄色最佳，所以烤制的时候要注意温度的控制，烤的颜色不要太深。

做法

❶将高筋面粉、酵母、改良剂、奶香粉与砂糖拌匀。

❷加蜂蜜、全蛋液、淡奶与清水拌匀，搅拌2分钟。

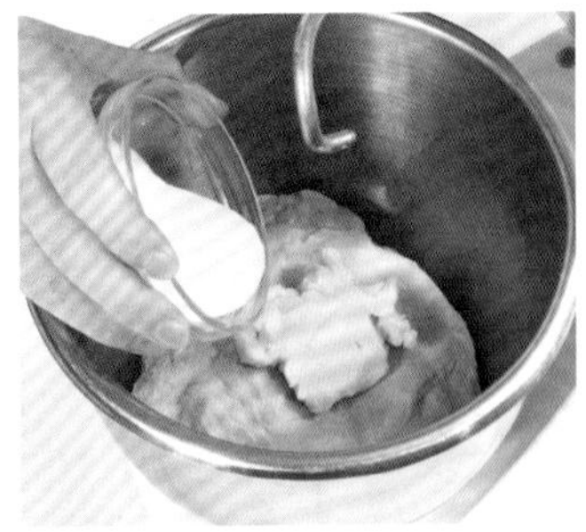

❸加入奶油、鲜奶油和盐慢速拌匀。

❹盖上保鲜膜松弛20分钟，温度33℃、湿度75%。

❺将松弛好的面团分割成每个70克的小面团。

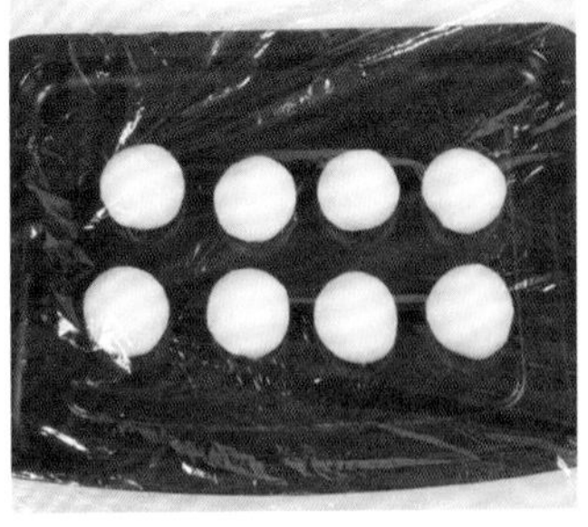

❻滚圆后，盖上保鲜膜松弛20分钟。

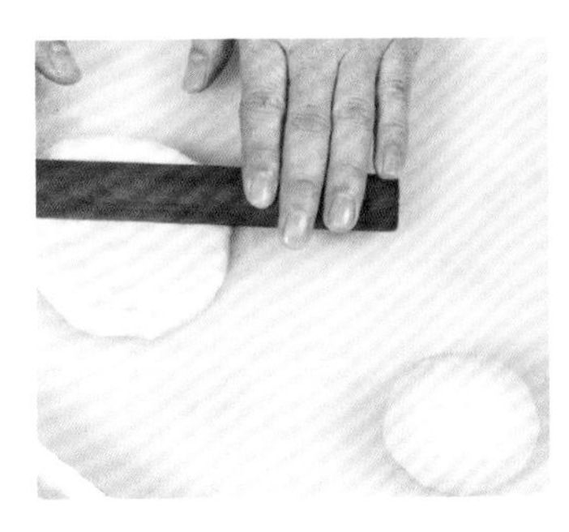

❼将松弛好的面团用擀面杖擀开排气。

❽放上玉米粒，卷成长条，排入烤盘，醒发75分钟，温度37℃、湿度80%。

❾将醒发好的面团用刀划上3刀，挤上沙拉酱，入炉烤15分钟，上火为185℃、下火为180℃。

蔓越莓辫子面包

材料

种面：

高筋面粉 1050 克，酵母 11 克，全蛋液 150 克，清水 550 毫升

主面：

砂糖 295 克，奶粉 70 克，盐 15 克，清水 250 毫升，奶香粉 7 克，奶油 175 克，高筋面粉 450 克，改良剂 6 克

其他配料：

蔓越莓适量

做法

1. 高筋面粉、酵母拌匀，加全蛋液、清水慢速拌匀，发酵2～3小时即成种面。
2. 发酵好种面。将种面、砂糖、清水快速打至糖溶化；加入高筋面粉、奶粉、奶香粉、改良剂慢速搅拌均匀，转快速搅拌2分钟左右。
3. 加入盐、奶油快速搅打至面团可以拉出薄膜状，分成每个25克的小面团，滚圆，盖上保鲜膜，松弛20分钟，温度35℃、湿度75%；压扁排气，中间放入蔓越莓，卷成长条；用3个长条面团编成辫子，排入烤盘，入发酵箱醒发90分钟，温度37℃、湿度70%。
4. 扫上全蛋液（分量外），撒上蔓越莓，入烤箱，温度为上火185℃、下火165℃，烤13分钟左右即可出炉。

纳豆和风面包

材料

种面：

高筋面粉 650 克，酵母 10 克，清水 350 毫升

主面：

砂糖 200 克，高筋面粉 350 克，盐 10 克，全蛋液 80 克，奶粉 40 克，奶油 90 克，改良剂 5 克，清水适量，蛋糕油 6 克

奶油面糊：

糖粉、奶油、全蛋液各 40 克，低筋面粉 50 克

绿茶面糊：

糖粉、全蛋液各 40 克，绿茶粉 7 克，奶油 50 克，低筋面粉 45 克

其他配料：

纳豆适量

做法

1. 糖粉、奶油、全蛋液、低筋面粉拌匀即成奶油面糊；糖粉、全蛋液、绿茶粉、奶油、低筋面粉拌匀成绿茶面糊，备用。
2. 将种面的所有材料慢速拌匀，转快速搅拌后发酵90分钟，温度31℃、湿度80%。
3. 种面、砂糖、全蛋液和清水拌至糖溶化，加入高筋面粉、奶粉和改良剂拌至面筋扩展至七八成筋度；加入奶油、盐、蛋糕油搅至可拉出薄膜状，发酵20分钟，分成每个60克的小面团，滚圆松弛20分钟，压扁排气，包入纳豆。排上烤盘，进发酵箱醒发75分钟，挤上奶油面糊和绿茶面糊，入炉烘烤，温度为上火185℃、下火160℃。

禾穗椰蓉面包

材料

种面:

高筋面粉 750 克，酵母 10 克，清水 400 毫升

主面:

砂糖 200 克，高筋面粉 250 克，盐 10 克，全蛋液 100 克，改良剂 3 克，奶油 100 克，清水 50 毫升，奶粉 45 克，蛋糕油 6.5 克

椰蓉馅:

砂糖 200 克，奶粉 75 克，奶油 225 克，椰蓉 300 克，全蛋液、奶香粉各适量

其他配料:

白芝麻适量

做法

1. 砂糖、奶油、奶粉、全蛋液、椰蓉和奶香粉拌匀成椰蓉馅；种面所有材料拌匀，快速搅拌2分钟，发酵90分钟，温度33℃、湿度80%。
2. 将发好的种面、全蛋液、砂糖和清水拌至砂糖溶化，加入高筋面粉、奶粉、改良剂慢速拌匀，转快速拌3分钟；加入奶油、盐和蛋糕油搅拌至面筋完全扩展，松弛15分钟，温度30℃、湿度75%；分成每个70克的小面团，滚圆，再松弛15分钟，擀开排气，放上椰蓉馅；卷成长条，放上烤盘。
3. 用剪刀左右不对称剪口，呈麻花状，进发酵箱醒发80分钟，温度37℃、湿度80%，扫上全蛋液（分量外）和白芝麻，入炉烘烤15分钟，温度为上火185℃、下火160℃。

黄桃面包

材料

种面：

高筋面粉 1300 克，酵母 10 克，清水 750 毫升

主面：

砂糖 415 克，高筋面粉 700 克，盐 21 克，全蛋液 220 克，奶粉 75 克，奶油 220 克，清水 135 毫升，改良剂 8 克，蛋糕油 13 克

其他配料：

黄桃 55 克，黄金酱适量

做法

1. 先将高筋面粉、酵母、清水慢速拌匀转快速搅拌2分钟；发酵2小时，温度32℃，湿度72%成种面。
2. 将种面、砂糖、全蛋液和水慢速拌匀；加入高筋面粉、奶粉、改良剂慢速拌均匀，转快速拌2分钟。
3. 加入奶油、蛋糕油、盐慢速拌匀，转快速打至面团光滑，松弛20分钟，松弛好即成主面。
4. 分成每个65克的小面团，滚圆，松弛20分钟，松弛好后用擀面杖擀开，卷成长形，揉长，成形，放入纸杯。
5. 放入模具，进发酵箱发酵90分钟，温度36℃、湿度90%。醒发至模具九分满，扫上全蛋液（分量外），放上黄桃，挤上黄金酱，入炉烤15分钟，温度上火185℃、下火165℃。烤好后出炉。

中法面包

材料

高筋面粉 900 克，酵母 12 克，盐 21 克，低筋面粉 100 克，改良剂 3 克，甜老面 250 克，清水 600 毫升，黄牛油适量

制作指导

注意一定要用手把面团压扁排气，划刀的时候，力道要控制好，不要过深，否则面包会裂开。

做法

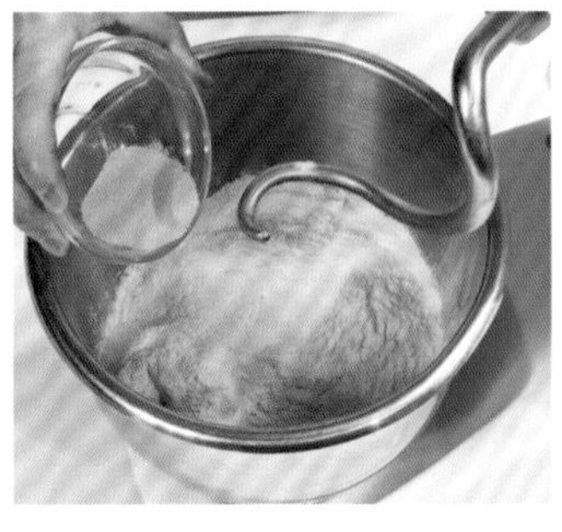

❶ 高筋面粉、低筋面粉、甜老面、酵母和清水拌匀。

❷ 加入盐、改良剂慢速拌匀，转快速拌至面团光滑。

❸ 松弛30分钟，温度28℃、湿度70%。

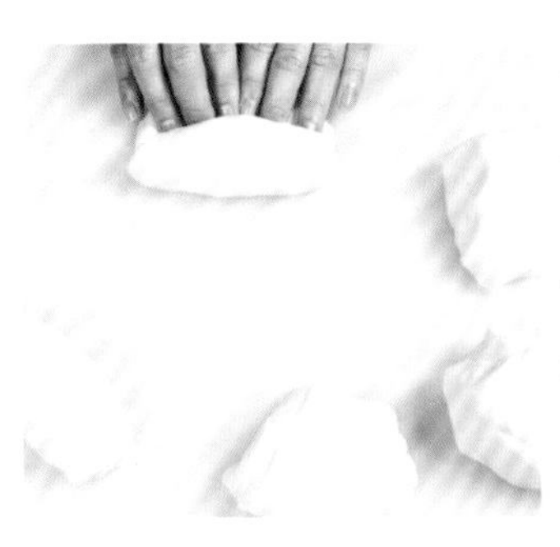

❹ 面团分成每个150克的小面团，滚圆后松弛20分钟。

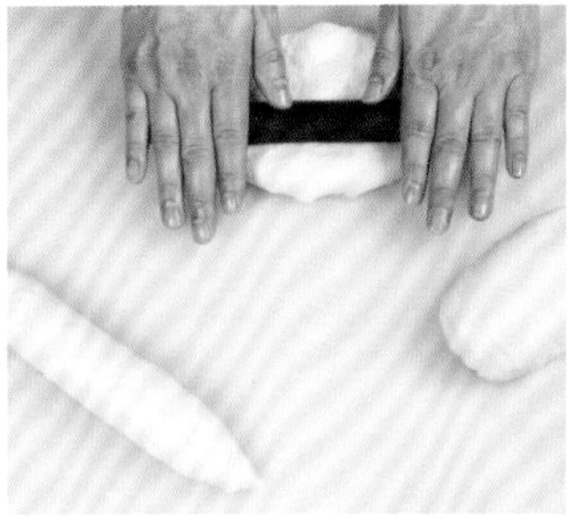

❺ 把松弛好的小面团用擀面杖压扁排气。

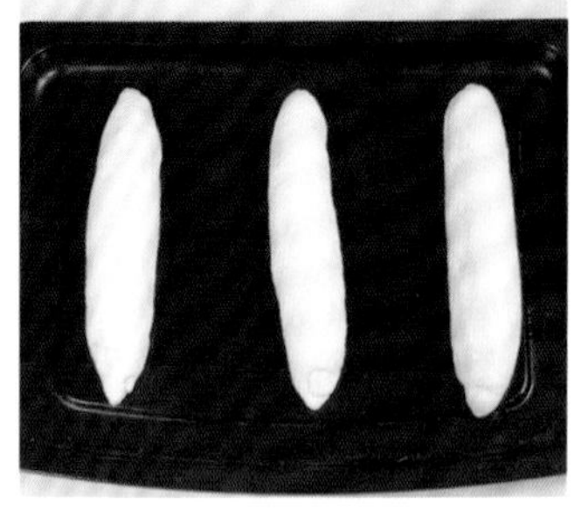

❻ 卷成长条形，放入烤盘，放入发酵箱中醒发80分钟。

❼ 发至原面团体积的3倍大，再划2刀即可。

❽ 挤上黄牛油，喷水，入炉烘烤25分钟左右，温度为上火230℃、下火180℃。

椰奶提子面包

材料

种面：

高筋面粉 525 克，酵母 10 克，全蛋液 75 克，蜂蜜 15 毫升，清水 275 毫升

主面：

砂糖 145 克，清水 85 毫升，高筋面粉 225 克，改良剂、盐各 4 克，奶粉 30 克，奶油 75 克

椰奶提子馅：

奶油 80 克，砂糖 100 克，鲜奶 15 毫升，奶粉 15 克，椰子粉 145 克，提子干 55 克

其他配料：

杏仁片适量

做法

❶ 奶油、砂糖充分拌匀，分次加入鲜奶拌匀，加奶粉、椰子粉和提子干拌匀。

❷ 将做种面的所有材料慢速拌匀，转快速搅拌2分钟，发酵100分钟，温度30℃、湿度80%，发酵好即成种面。

❸ 把种面、砂糖和清水拌至糖溶化。

❹ 加入高筋面粉、改良剂和奶粉搅拌至七八成筋度，加入盐和奶油拌至可拉出薄膜状，松弛15分钟即成主面。

❺ 面团分割成每个75克的小面团，滚圆松弛20分钟，压扁排气，包入椰奶提子馅，擀成长形，斜划几刀，卷起成形；醒发80分钟，扫上全蛋液（分量外），撒上杏仁片，入炉烘烤15分钟，温度为上火190℃、下火165℃。

菠萝肉松面包

材料

种面：

高筋面粉 650 克，酵母 9 克，全蛋液 100 克，清水 320 毫升

主面：

砂糖 195 克，清水 150 毫升，改良剂 3 克，高筋面粉 350 克，奶粉 45 克，盐 11 克，奶油 110 克

其他配料：

沙拉酱、菠萝、肉松各适量

做法

❶ 高筋面粉、酵母慢速拌匀；加全蛋液、清水拌至面团表面有光滑度即可，发酵2小时，温度30℃、湿度70%，即成种面。

❷ 将种面、砂糖、清水快速打成糊状；加入高筋面粉、改良剂、奶粉拌匀，加入盐、奶油拌至面团光滑，松弛20分钟。

❸ 面团分割成每个60克的小面团，滚圆，松弛20分钟后压扁擀长，卷成长条形，放入烤盘，放入发酵箱，发酵90分钟。

❹ 扫上全蛋液（分量外），撒上菠萝，入炉烘烤15分钟，上火180℃、下火160℃；烤好出炉，对半切开，中间抹上沙拉酱作装饰，放上肉松。

制作指导

面包要凉透了才能用沙拉酱做装饰。

核桃提子丹麦面包

材料

高筋面粉 850 克，低筋面粉 150 克，砂糖 125 克，全蛋液 150 克，牛奶 100 毫升，清水 365毫升，酵母 12 克，改良剂 2 克，盐 13 克，奶油 100 克，酥油、香酥粒各适量，提子干 50 克，核桃 50 克

做法

1. 高筋面粉、低筋面粉、砂糖、酵母、改良剂、全蛋液、牛奶、清水、盐、奶油搅拌2分钟，压扁成长形，放入冰箱中冷冻40分钟以上。
2. 将冻好的面团取出，擀开呈长方形，放上片状酥油，将酥油包入面团里面，擀开呈长形；面团叠3层，用保鲜膜包好放入冰箱中冷藏40分钟以上，如此操作3次即可。
3. 将面团擀开擀薄，擀至长15厘米、宽6厘米，用刀切开，扫上全蛋液，放上提子干和核桃，另取一块面团叠上，在折叠中间切1刀，一边翻过来卷成形。
4. 排好放进发酵箱中醒发60分钟，温度36℃、湿度75%，扫上全蛋液（分量外），撒上香酥粒，入炉烘烤温度为上火195℃、下火160℃。

制作指导

第 2 次从中间切开时不要切太长，刚好把面团翻过来即可，太长的话，整个造型看起来会非常松垮。喜欢其他口味的，也可以撒上别的干果做点缀。

椰奶提子丹麦面包

材料

面团：

砂糖 50 克，鲜奶 100 毫升，全蛋液 80 克，清水 125 毫升，高筋面粉 425 克，低筋面粉 75 克，酵母 7.5 克，改良剂 1 克，盐 9 克，奶油 50 克

椰奶提子馅：

奶油 80 克，砂糖 100 克，鲜奶 100 毫升，奶粉 50 克，椰子粉 30 克，提子干适量

其他配料：

杏仁片适量，片状酥油 250 克

做法

❶ 砂糖、奶油、鲜奶拌匀，加入奶粉、椰子粉、提子干拌匀，即成椰奶提子馅。

❷ 高筋面粉、低筋面粉、砂糖、鲜奶、部分全蛋液、清水、酵母、改良剂、奶油、盐搅拌至面团光滑，压扁，放入冰箱中冷冻30分钟以上。

❸ 取出面团擀开、擀长，放上片状酥油，包好，擀开、擀长，叠3下，用保鲜膜包好放进冰箱，冷藏30分钟以上，如此3次即可。

❹ 取出面团擀开、擀薄，扫上全蛋液，放上椰奶提子馅，折起用刀切成梳齿形；排好进发酵箱中醒发60分钟，温度35℃、湿度75%，扫上全蛋液（分量外），撒上杏仁片，入炉烘烤16分钟，温度为上火185℃、下火160℃。

番茄热狗丹麦面包

材料

高筋面粉 850 克，低筋面粉 100 克，砂糖 100 克，酵母 13 克，改良剂 3.5 克，蛋黄 50 克，鲜奶 80 毫升，番茄汁 360 毫升，盐 16 克，奶油 65 克，片状玛琪琳适量，热狗肠 200 克，乳酪条、全蛋液各适量

制作指导

做造型卷热狗肠的时候，轻轻地包裹就好，切忌卷形太紧，以免醒发时表面断裂，烤制后面团变得更加膨松，会影响到整体的美观度。

做法

❶ 将高筋面粉、低筋面粉、砂糖、酵母和改良剂拌匀。

❷ 加入番茄汁、蛋黄和鲜奶拌匀，转快速搅拌2分钟。

❸ 加入盐和奶油慢速拌匀。

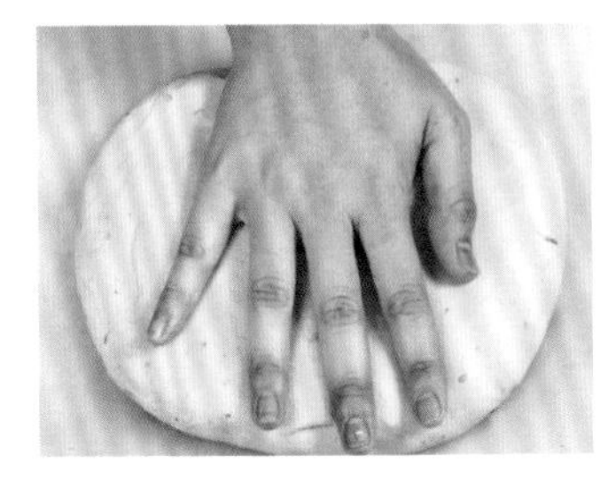

❹ 取1000克面团，用手压成方形。

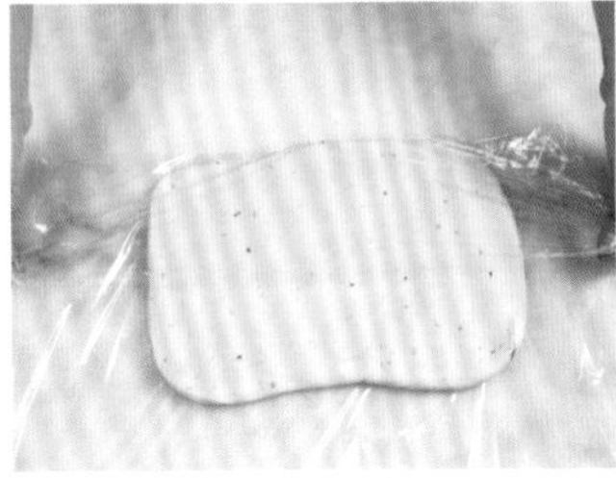

❺ 用保鲜膜包好，入冰箱中冷冻30分钟。

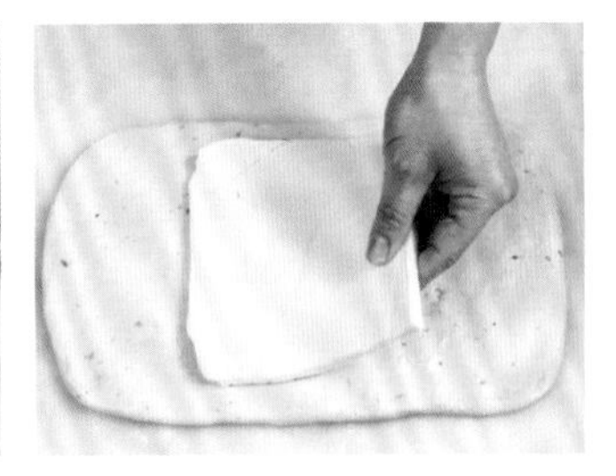

❻ 取出面团，稍擀开，擀长，放上片状玛琪琳。

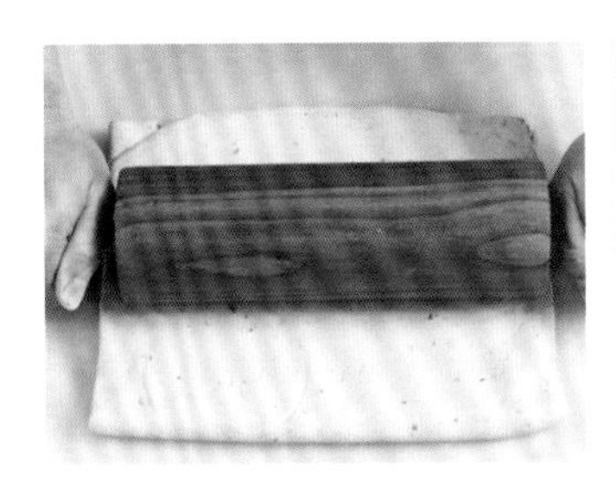

❼ 将奶油包入面团里，擀宽、擀长，备用。

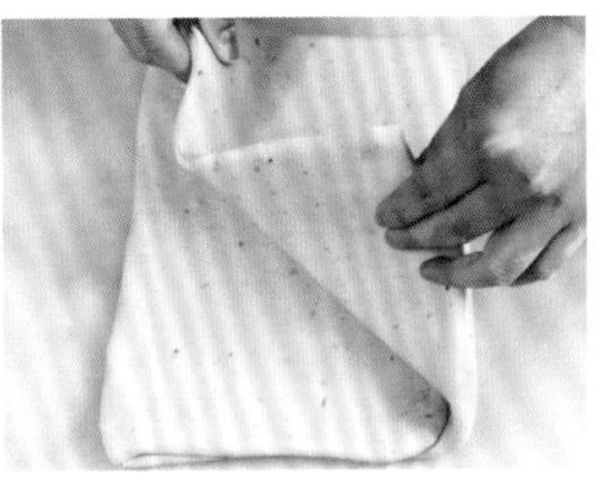

❽ 叠3层，用保鲜膜包好，入冰箱中冷藏30分钟，反复3次即可。

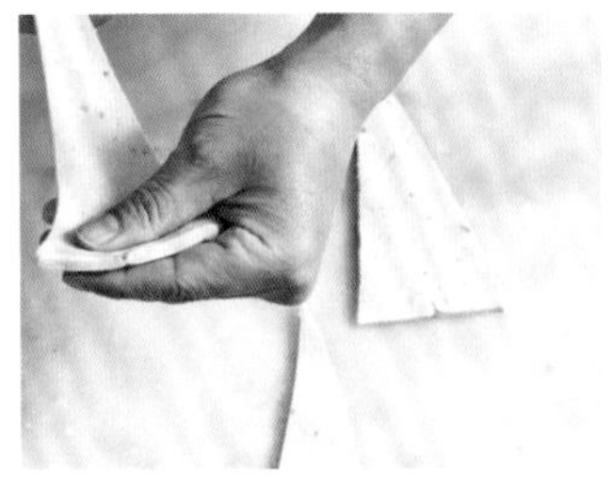

❾ 用刀从面块对角分切成长方形面块，从中间再斜切成三角形，稍微拉长。

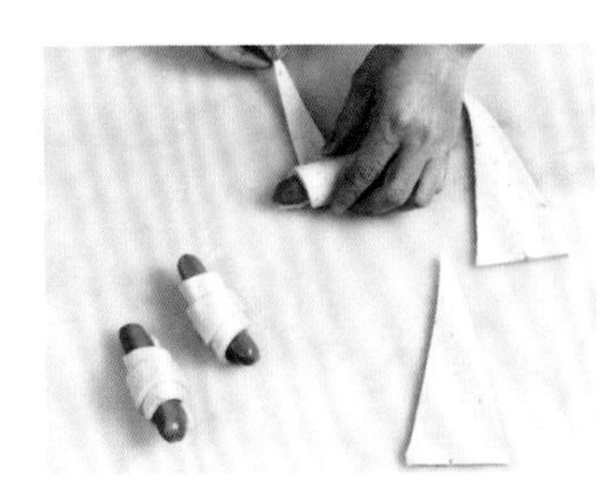

❿ 热狗肠放中间卷起，排入烤盘，进发酵箱中醒发65分钟，温度35℃、湿度75%。

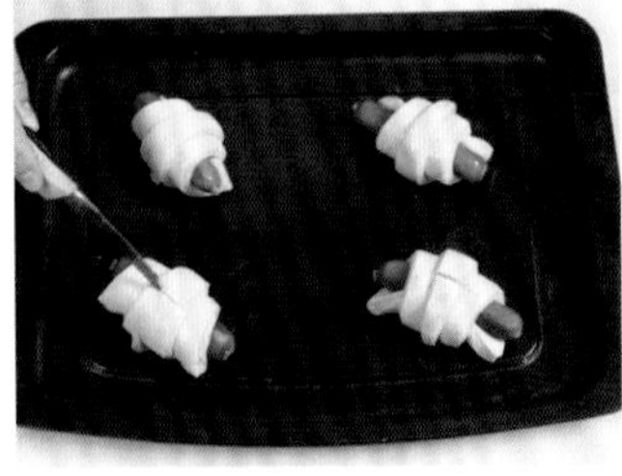

⓫ 醒发至原面团体积的2倍大，扫上全蛋液，用刀在中间切开。

⓬ 放上乳酪条，入炉烘烤，上火190℃、下火160℃，烤熟即可。

培根乳酪吐司

材料

种面：

高筋面粉 1750 克，酵母 23 克，清水适量

主面：

砂糖 475 克，全蛋液 250 克，清水 125 毫升，高筋面粉 750 克，改良剂 8 克，奶粉 100 克，盐 26 克，奶油 250 克

其他配料：

培根、洋葱各 100 克，乳酪、沙拉酱各适量

做法

❶高筋面粉、酵母、清水拌匀。

❷盖上保鲜膜，发酵2小时，成种面。

❸将种面、砂糖、全蛋液、清水打成糊状。

❹将高筋面粉、改良剂、奶粉打至成筋度。

❺加入盐、奶油快速拌至面筋扩展，松弛20分钟。

❻将松弛好的面团分割成每个100克的小面团，滚圆之后，松弛20分钟。

❼将松弛好的小面团用擀面杖压扁排气。

❽放上培根、乳酪卷成形，再放入长方形模具里。

❾放入发酵箱发酵，温度35℃、湿度80%，发至模具八成满。

❿扫上全蛋液（分量外），放上洋葱丝。

⓫再挤上沙拉酱，入炉烘烤25分钟，温度为上火190℃、下火160℃。

黑椒热狗吐司

材料

种面：

高筋面粉 600 克，酵母 12 克，全蛋液 75 克，清水 300 毫升

主面：

砂糖 80 克，清水 180 毫升，高筋面粉 400 克，改良剂 5 克，奶粉 35 克，奶香粉 8 克，盐 20 克，奶油 100 克

其他配料：

肉松 75 克，黑椒热狗肠 200 克，乳酪、沙拉酱各适量，黑胡椒粉 20 克，干葱 15 克

做法

❶ 将高筋面粉、酵母慢速拌匀。

❷ 加全蛋液、清水快速打2分钟。

❸ 盖上保鲜膜，发酵2小时，即成种面。

❹ 种面、砂糖、清水搅拌2分钟，打成糊状。

❺ 加入高筋面粉、改良剂、奶粉、奶香粉快速打2分钟，再加入盐、奶油慢速拌匀。

❻ 打至面筋完全扩展，松弛20分钟，分成每个150克的小面团。

❼ 滚圆面团，松弛后压扁排气，包入肉松。

❽ 发酵120分钟，温度35℃、湿度75%，发酵好后划开表皮。

❾ 扫上全蛋液（分量外），放上黑椒热狗肠，放上乳酪，挤上沙拉酱，撒上黑胡椒粉。

❿ 撒上干葱，入炉烘烤约25分钟即可出炉，温度为上火190℃、下火170℃。

果盆子面包

材料

种面：

高筋面粉 700 克，酵母、全蛋液、清水各适量

主面：

砂糖 95 克，高筋面粉 300 克，奶香粉 5 克，盐 10 克，清水 125 毫升，奶粉 45 克，改良剂、奶油各适量

其他配料：

苹果馅、瓜子仁、奶油各适量

制作指导

注意卷面团放入模具时，不要发得太满，发至模具八分满即可，不然烤制面包时，面团会不断膨胀，最后会爆出模具，整体造型就会失败。

做法

❶把高筋面粉、酵母拌均匀。

❷加入全蛋液、清水拌匀，转快速拌成团，打2分钟。

❸发酵2小时，温度30℃、湿度70%，即成种面。

❹把发酵好的种面和砂糖、清水慢速拌匀。

❺加入高筋面粉、奶粉、奶香粉、改良剂快速拌2分钟。

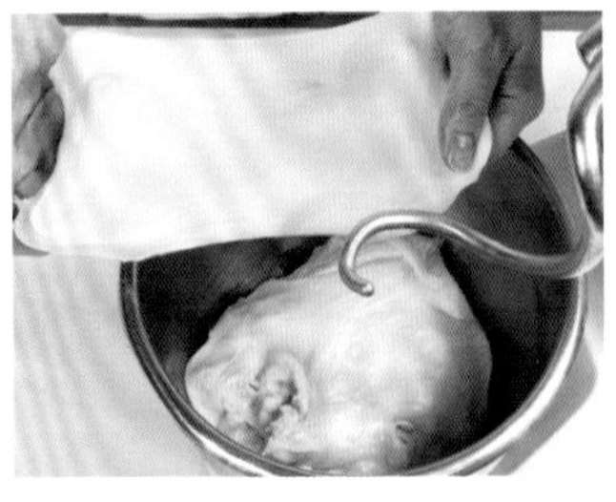

❻加入奶油、盐慢速拌匀，转快速搅拌至面筋扩展。

❼松弛20分钟，温度32℃、湿度75%。

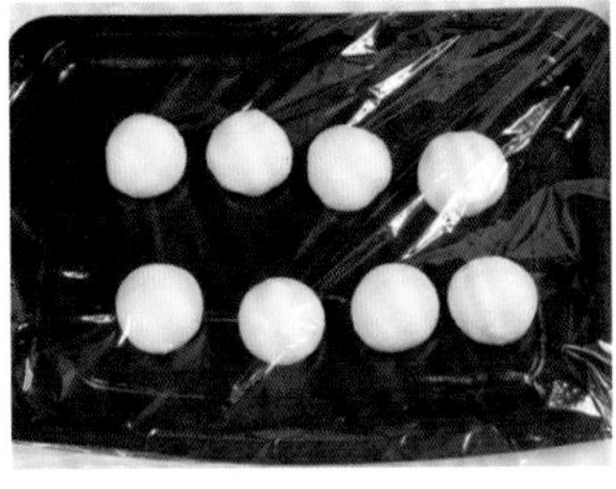

❽面团分成每个20克的小面团，滚圆，松弛20分钟。

❾把松弛好的小面团压扁排气，包入苹果馅，滚圆放入中空的圆形模具。

❿排在烤盘上，进发酵箱醒发65分钟，温度36℃、湿度75%。

⓫在醒发好的小面团上挤上奶油，备用。

⓬撒上瓜子仁，入炉烘烤16分钟，温度为上火185℃、下火195℃，烤好出炉。

巧克力菠萝面包

材料

主面：

高筋面粉 750 克，改良剂、奶香粉各 2 克，全蛋液、奶油各 80 克，砂糖 145 克，奶粉 30 克，蜂蜜 25 毫升，盐、酵母各 8 克，清水 385 毫升

菠萝皮：

砂糖 105 克，发粉、小苏打、臭粉各 1.5 克，色拉油 25 毫升，全蛋液、麦芽糖各 25 克，猪油 40 克，清水 15 毫升，奶粉 5 克，低筋面粉 150 克

巧克力馅：

砂糖 65 克，全蛋液 30 克，奶油 10 克，牛奶 250 毫升，玉米淀粉 40 克，白巧克力 150 克

做法

1. 将菠萝皮的所有材料拌匀，备用。
2. 砂糖、牛奶、全蛋液、玉米淀粉加入奶油拌匀煮成糊状，加白巧克力拌匀，成巧克力馅。
3. 高筋面粉、酵母、改良剂、奶粉和奶香粉拌匀，再加入全蛋液、砂糖、清水、蜂蜜拌匀。
4. 加入奶油、盐拌至面筋完全扩展即可。
5. 松弛约25分钟后，把面团分成每个60克的小面团。
6. 滚圆面团再松弛20分钟，再滚圆至光滑。
7. 醒发85分钟，温度35℃、湿度75%。
8. 菠萝皮切成小段，压成薄片，放在面团上，扫2次全蛋液（分量外）。
9. 用竹签在表面画出格子纹路，放进烤炉烘烤15分钟，温度上火185℃、下火160℃。
10. 烤好的面包出炉。把凉透的面包用锯刀在侧面切开，挤上巧克力馅即成。

栗子蓉麻花面包

材料

种面：

高筋面粉 1750 克，酵母 20 克，水 900 毫升

主面：

砂糖 500 克，高筋面粉 750 克，鲜奶油 75 克，全蛋液 250 克，改良剂 7 克，盐 25 克，清水 200 毫升，奶香粉 10 克，奶油 250 克

奶油面糊：

糖粉、全蛋液、奶油、低筋面粉各 45 克

其他配料：

瓜子仁、栗子蓉各适量

做法

1. 糖粉、部分全蛋液、奶油、低筋面粉拌成奶油面糊。
2. 高筋面粉、酵母、水打至有筋度即可。
3. 发酵2.5小时，成种面。
4. 种面、砂糖、全蛋液、清水打至糖溶化。
5. 加入高筋面粉、改良剂、奶香粉，拌匀。
6. 加入鲜奶油、盐、奶油打至面筋扩展。
7. 松弛20分钟后，分成每个70克的小面团，并滚圆。
8. 入发酵箱发酵20分钟后，压扁排气，包上栗子蓉，滚成圆形，用擀面杖擀长。
9. 先将擀长的面皮卷成长卷，然后对折起来拧成麻花，发酵88分钟。
10. 扫上全蛋液（分量外），挤上奶油面糊，撒上瓜子仁，入炉烘烤15分钟左右。

三文治吐司

材料

高筋面粉 1000 克，低筋面粉 250 克，酵母 15 克，改良剂 3 克，砂糖 100 克，全蛋液 100 克，鲜奶 150 毫升，清水 400 毫升，奶粉 25 克，盐 23 克，白奶油 150 克

制作指导

出炉后，稍微放凉一下再出模。这样可使面包的造型更加完整，晾凉后的面包，切片也更加容易，可以很好地保持片状的完整性。

做法

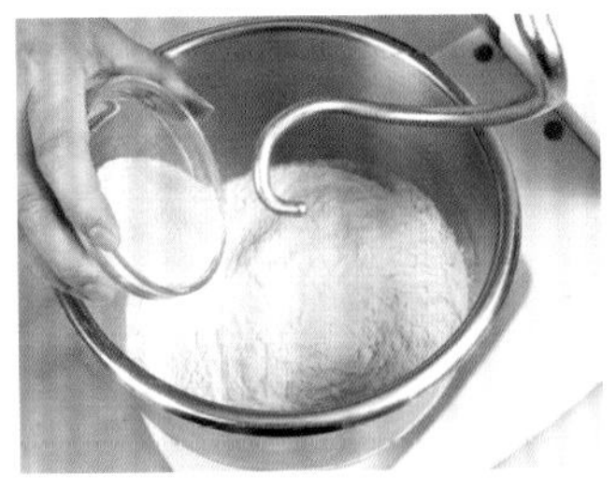

❶高筋面粉、低筋面粉、酵母、改良剂、砂糖拌匀。

❷加入全蛋液、鲜奶、奶粉、清水快速搅拌2分钟。

❸加入白奶油、盐慢速拌匀，转快速拌至面筋扩展。

❹把面团松弛20分钟，温度32℃、湿度72%。

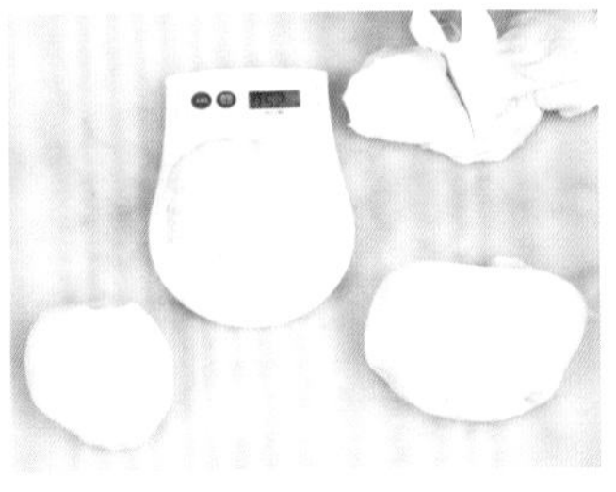

❺把松弛好的面团分割成每个250克的小面团。

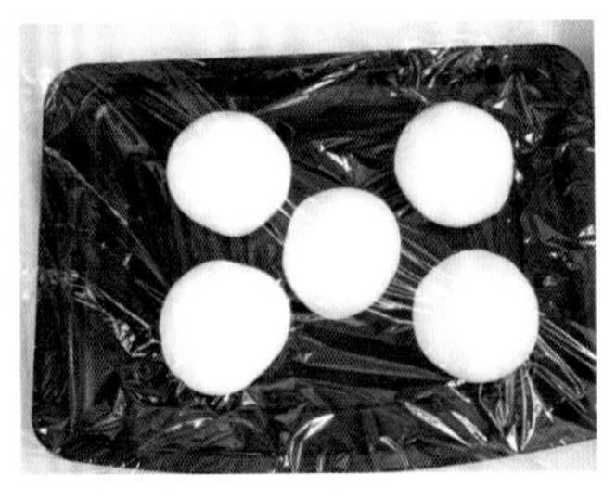

❻把小面团滚圆，然后再松弛20分钟。

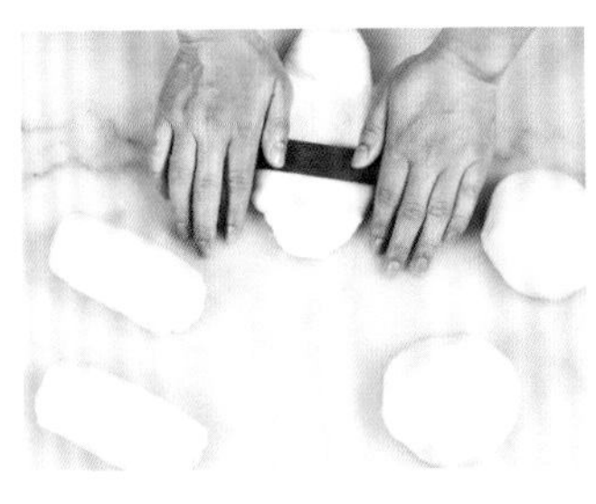

❼把松弛好的面团用擀面杖擀扁、擀长。

❽卷成长方形，放入长方形铁皮模具中。

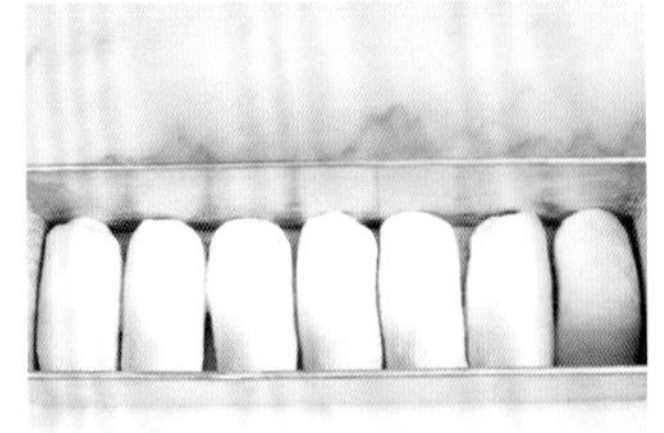

❾醒发100分钟，温度35℃、湿度75%。

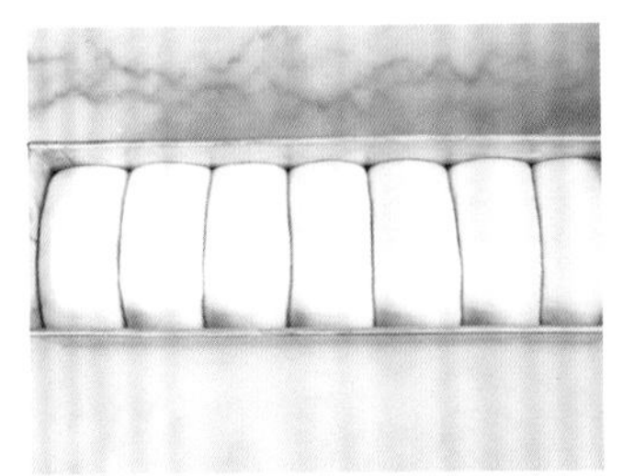

❿盖上铁盖。

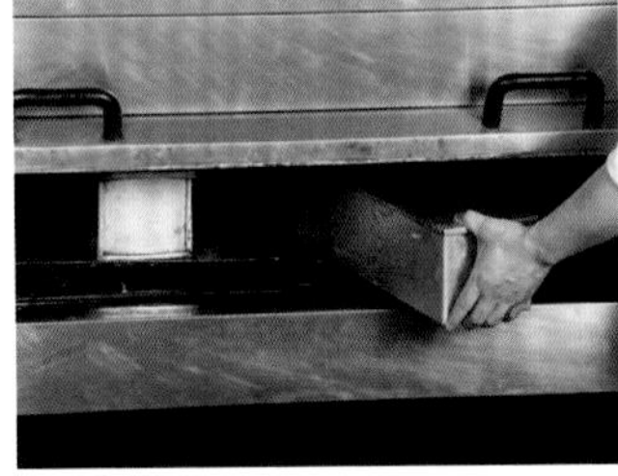

⓫入炉烘烤，上火180℃、下火180℃，约烤45分钟。

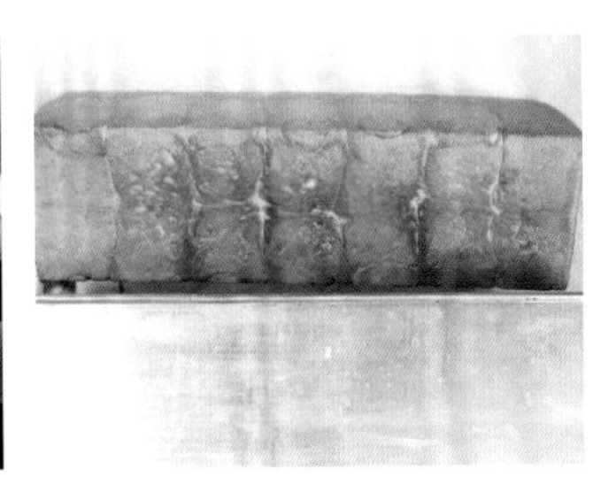

⓬烤好后放凉即可出模。

菠萝椰子面包

材料

面团：

高筋面粉 1750 克，奶粉 65 克，全蛋液、奶油、砂糖各 180 克，盐、酵母各 17 克，改良剂、奶香粉各 7 克，蜂蜜 35 毫升，清水 825 毫升

椰蓉馅：

砂糖 50 克，全蛋液 50 克，低筋面粉 100 克，奶油、奶粉各 100 克，椰蓉 30 克

菠萝皮：

砂糖、食粉各 30 克，全蛋液 50 克，色拉油 50 毫升，黄色素、泡打粉各 3 克，麦芽糖、奶粉各 20 克，臭粉 3 克，低筋面粉 100 克

其他配料：

车厘子适量，全蛋液适量

做法

❶高筋面粉、酵母、改良剂、奶粉、奶香粉和砂糖慢速拌匀；加入部分全蛋液、清水、蜂蜜搅拌2分钟；加入奶油、盐打至面团可拉出薄膜状。

❷发酵20分钟，温度32℃、湿度72%，然后分成每个50克的小面团，发酵20分钟。

❸奶油、砂糖、全蛋液、低筋面粉、奶粉、椰蓉拌匀成椰蓉馅，面团压扁排气，包椰蓉馅做成三角形。

❹发酵90分钟，温度36℃、湿度80%，菠萝皮材料拌匀，分成小段；压成薄片，置面团上，扫2次全蛋液；用竹签划出格子纹。

❺放上车厘子，进炉烘烤13分钟左右，温度为上火185℃、下火165℃。

草莓面包

材料

高筋面粉750克，奶香粉3克，鲜奶380毫升，酵母8克，砂糖155克，盐7克，改良剂3克，全蛋液75克，奶油70克，草莓、草莓馅各适量

做法

❶高筋面粉、酵母、改良剂和奶香粉拌匀。

❷加入砂糖、全蛋液和鲜奶快速拌匀。

❸加入部分奶油、盐拌至面筋扩展。

❹松弛20分钟，分成每个50克的小面团，再滚圆松弛20分钟。

❺压扁排气，包入草莓馅，放入纸模中，醒发80分钟，温度36℃、湿度70%。

❻醒发好后在面团上面划2刀。

❼再刷上全蛋液。

❽放入烤箱烘烤13分钟，温度为上火185℃、下火165℃。

❾烤好后出炉，待面包凉以后挤上剩余的奶油，放上半个草莓即可。

制作指导

在面团顶部划刀的时候，可以把刀口稍划深一点，方便后来在顶部挤上奶油。也可以根据个人口味把草莓换成其他的水果。

东叔串

材料

种面：

高筋面粉 875 克，酵母 12 克，全蛋液 150 克，清水 435 毫升

主面：

砂糖 95 克，高筋面粉 375 克，盐 25 克，清水 155 毫升，奶粉 40 克，奶油 120 克，蜂蜜 25 毫升，改良剂 3 克

制作指导

出油锅后最好趁热滚上砂糖，薄薄的一层即可，如果砂糖粘不上，可以先刷少许的蜂蜜，再撒上一层砂糖，味道更佳。

做法

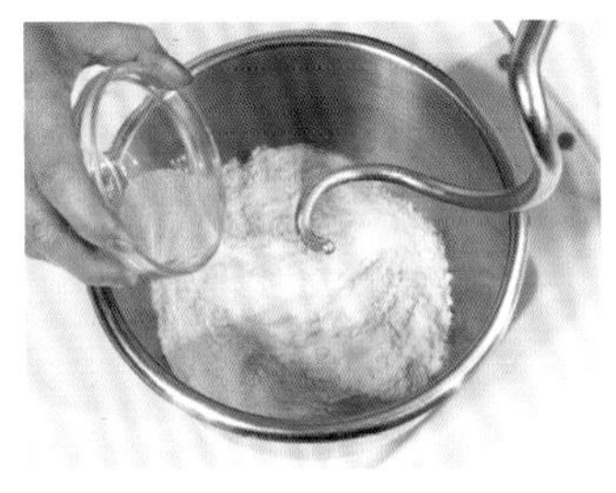

❶将高筋面粉、酵母慢速搅拌均匀。

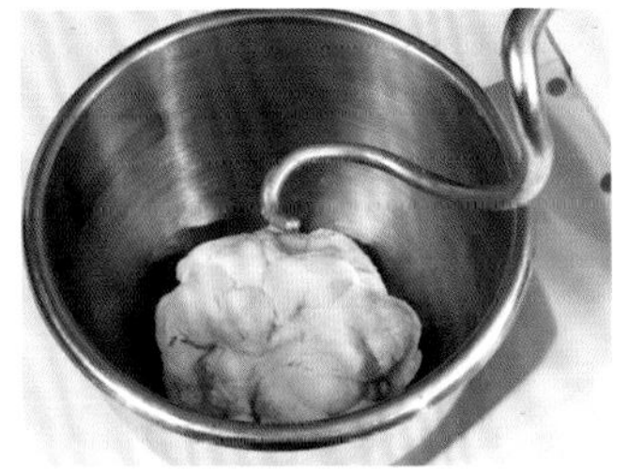

❷加入全蛋液、清水慢速拌匀，转快速打2～3分钟。

❸盖上保鲜膜发酵2.5小时，温度30℃、湿度70%。

❹发酵好的面团比原体积大3～3.5倍，即成种面。

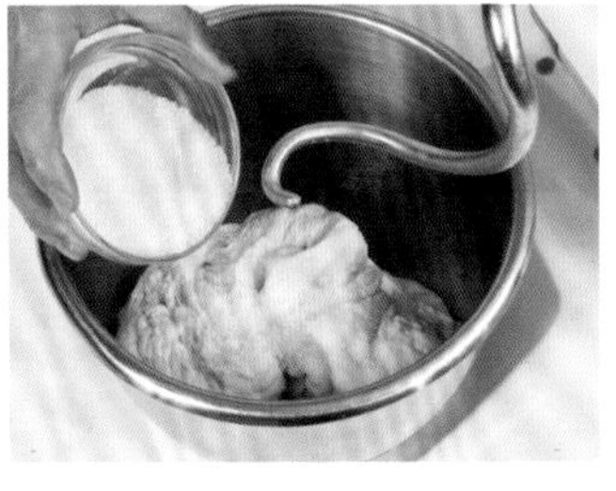

❺种面倒入搅拌缸里，加入部分砂糖、蜂蜜、清水搅打。

❻倒入高筋面粉、改良剂、奶粉快速打2～3分钟。

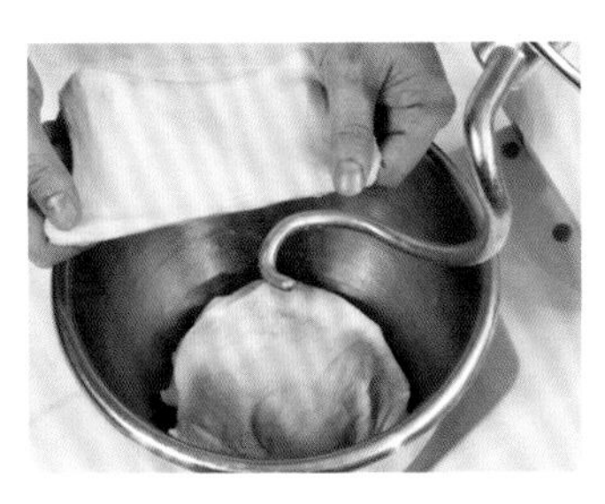

❼加入盐、奶油慢速拌匀，转快速打至面筋扩展。

❽松弛25分钟，温度32℃、湿度72%。

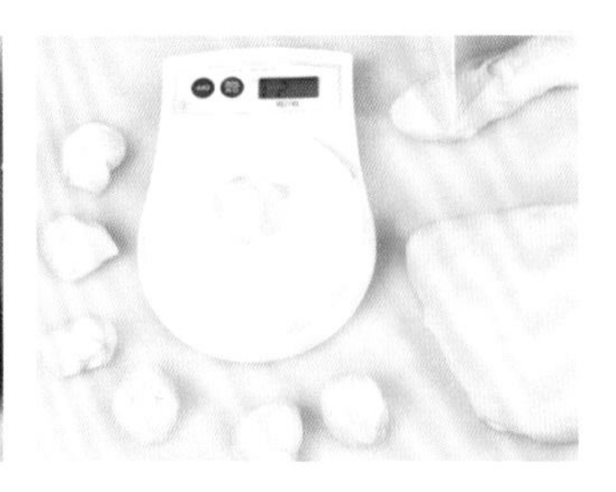

❾把松弛好的面团分割成每个20克的小面团。

❿把小面团滚圆，放上烤盘，盖上保鲜膜，松弛15分钟。

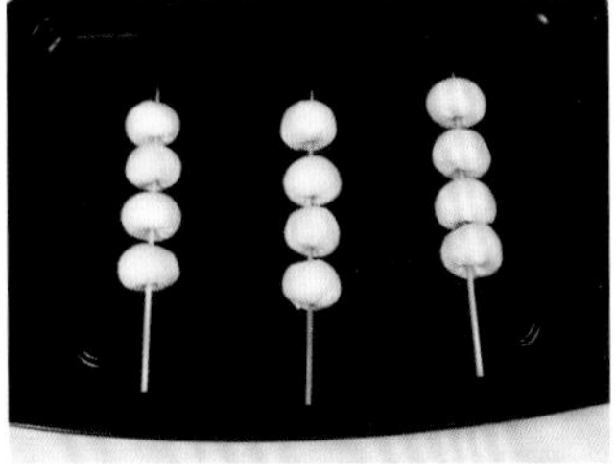

⓫滚圆搓紧，用竹签串起来放入烤盘中，常温下发酵70分钟。

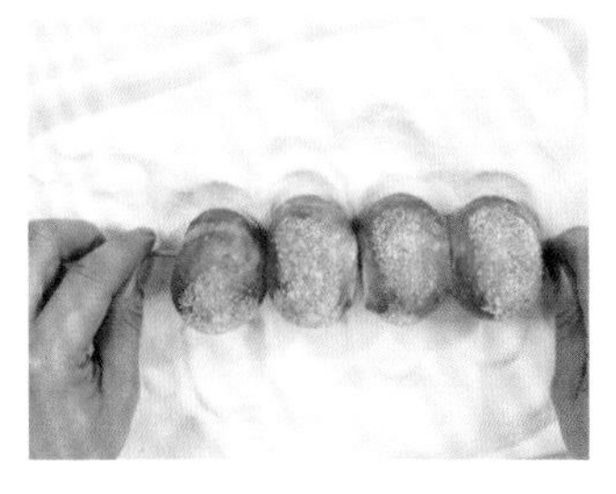

⓬发酵好的面团放入油里，炸成金黄色，取出粘上砂糖。

起酥肉松面包

材料

主面：

高筋面粉 1750 克，奶粉 75 克，全蛋液、奶油各 150 克，盐、酵母各 18 克，奶香粉、改良剂各 6 克，蜂蜜 50 毫升，砂糖 330 克，清水 850 毫升

起酥皮：

高筋面粉、低筋面粉各 500 克，盐 15 克，奶油、全蛋液各 50 克，清水 425 毫升，味精 3 克

其他配料：

肉松 100 克，沙拉酱适量

做法

❶将高筋面粉、酵母、改良剂、奶粉和奶香粉慢速拌匀；加入全蛋液、清水、砂糖、蜂蜜快速拌匀；加盐、奶油打至可拉出均匀的薄膜状即可。

❷松弛20分钟，分成每个60克的小面团，滚圆松弛20分钟，温度31℃、湿度70%。

❸压扁排气，卷成橄榄形。

❹放进发酵箱中醒发85分钟，温度37℃、湿度75%，扫上全蛋液（分量外）。

❺起酥皮材料拌匀，用刀把起酥皮切成薄片，在面团上放 3 片起酥皮，入炉烘烤。

❻烘烤约15分钟，温度为上火185℃、下火165℃，从中间切开，挤上沙拉酱，放上肉松，再挤上沙拉酱即成。